高等学校机器人工程专业系列教材
安徽省一流教材建设项目(2020yljc042)

机器人工程专业导论

主　编　张　军　李宪华　凌六一
副主编　王鹏彧　田　兴　华子森
参　编　陈　适

西安电子科技大学出版社

内 容 简 介

本书介绍了机器人工程专业的发展情况、知识体系、课程体系与课程设置、相关主要学科、技术应用及研究热点、考研与就业方向等内容，以期使读者对机器人工程专业有一个清晰的整体了解和认识。

本书可作为高中应届毕业生填报志愿以及高等院校机器人工程专业的参考书，也可供感兴趣的读者阅读。

图书在版编目(CIP)数据

机器人工程专业导论 / 张军，李宪华，凌六一主编. —西安：西安电子科技大学出版社，2023.2
ISBN 978 - 7 - 5606 - 6646 - 4

Ⅰ. ①机…　Ⅱ. ①张… ②李… ③凌…　Ⅲ. ①机器人工程　Ⅳ. ①TP24

中国版本图书馆 CIP 数据核字(2022)第 164962 号

策　　划　高 樱
责任编辑　郑一锋　高 樱
出版发行　西安电子科技大学出版社(西安市太白南路 2 号)
电　　话　(029)88202421　88201467　　邮　编　710071
网　　址　www.xduph.com　　　　　　电子邮箱　xdupfxb001@163.com
经　　销　新华书店
印刷单位　咸阳华盛印务有限责任公司
版　　次　2023 年 2 月第 1 版　2023 年 2 月第 1 次印刷
开　　本　787 毫米×1092 毫米　1/16　印张　12
字　　数　278 千字
印　　数　1～1000 册
定　　价　32.00 元
ISBN 978 - 7 - 5606 - 6646 - 4 / TP

XDUP 6948001 - 1

＊＊＊如有印装问题可调换＊＊＊

前　　言

对于刚刚步入大学校门的机器人工程专业的学生来讲，什么是机器人工程、机器人工程包括哪些内容、为什么要选择机器人工程等问题使他们感到困惑，他们对于所学专业培养目标和方向、课程设置、专业研究热点、考研与就业方向等关键问题知之甚少。为了激发广大学生对机器人工程专业的兴趣，让学生热爱所学专业，能够主动地去了解机器人工程专业课程体系和学习专业知识，我们编写了本书。

"机器人工程专业导论"课程是针对机器人工程专业大一新生开设的专业课，课程介绍了学生们亟需了解的机器人工程专业的相关内容，希望使学生在进入高校的大门之后，对机器人工程专业的相关知识有一个清晰的整体了解和认识。本书作为"机器人工程专业导论"课程的教材，希望能在帮助大学生规划大学期间的奋斗目标及其实现方案的过程中起到抛砖引玉的作用。

本书按照对机器人工程专业的认知顺序进行编写，共 8 章，内容分别为选择机器人工程的理由、机器人工程师之路、机器人工程专业的课程体系与课程设置、机器人工程与其相关主要学科、工业机器人技术应用及研究热点、服务机器人研究热点问题、特种机器人研究热点问题、考研与就业。本书术语规范，叙述简明，内容涉及范围较广。

本书由安徽理工大学人工智能学院机器人工程系张军、李宪华、凌六一任主编，王鹏彧、田兴、华子森任副主编，埃夫特智能装备股份有限公司陈适参编。硕士研究生吴亮、谢玮昌、来淼、凤志雄对全书的文字和排版作出了一定的贡献。本书在编写过程中得到了安徽理工大学人工智能学院的大力支持与帮助。

由于编者水平有限，不妥之处在所难免，恳请读者不吝赐教。

编　者
2022 年 5 月

目　　录

第 1 章　选择机器人工程的理由

或许是因为机器人工程是近几年新增的热门专业，或许是受机器人电影《我，机器人》《人工智能》《终结者》《机械公敌》等的影响，也或许是父母的要求、老师的建议让你选择了机器人工程，还可能是因为专业调剂让你"被"选择了机器人工程。无论是什么原因，可以恭喜你的是：你的选择没错，选择机器人工程专业前景广阔、大有可为。

1.1　学机器人工程——时代的召唤

1.1.1　前三次工业革命

1. 第一次工业革命(工业 1.0)——蒸汽机时代

工业革命又叫产业革命，是指资本主义由工场手工业过渡到大机器生产，它在生产领域和社会关系上引起了根本性变化。18 世纪 60 年代，工业革命首先发生在英国，是从发明和使用机器开始的，到 19 世纪上半叶，机器本身也用机器来生产，标志着工业革命的完成。英国之后，美国及欧洲各国也相继进行了工业革命。

1) 英国最先发生工业革命的条件

英国最先发生工业革命的条件是雄厚的资本、充足的劳动力、丰富的资源和原料，以及海外贸易的迫切需要。其前提条件是资产阶级统治在英国的确立，导致英国工业革命产生的直接原因是工场手工业无法满足不断扩大的市场需要。

2) 英国工业革命开始的标志

英国工业革命开始的标志是瓦特改良蒸汽机，它的投入使用使人类进入了"**蒸汽机时代**"。

3) 工业革命的大致发展过程

工业革命的发展过程大致如下：棉纺织机械的发明和改进→改良蒸汽机→冶金、采矿部门采用机器生产和采用蒸汽作动力→交通运输革新。

4) 第一次工业革命中的重大发明

第一次工业革命中的重大发明包括：

- 1785 年英国机械师瓦特制成改良的蒸汽机；
- 1807 年美国人富尔顿制成第一艘汽船；
- 1819 年一艘美国轮船成功地横渡大西洋；
- 英国工程师史蒂芬森发明了火车机车。

工业革命中至关重要的一环是瓦特制成改良的蒸汽机。

5) 第一次工业革命的影响

第一次工业革命不仅是一次技术革命，也是一场深刻的社会变革，对我们人类社会的各方面都产生了极其深远的影响，主要有以下几方面：

　　(1) 创造了巨大的生产力，促进了经济的快速发展；

　　(2) 使社会日益分裂为两大直接对立的阶级：工业资产阶级和工业无产阶级；

　　(3) 改变了世界的格局，向有利于西方的方向发展；

　　(4) 使世界日益成为一个彼此联系不可分开的整体。

2. 第二次工业革命(工业 2.0)——电气时代

1) 第二次工业革命的兴起

第二次工业革命是从 19 世纪 70 年代开始的，科学技术的进步和工业生产的高涨，促成了近代历史上的第二次工业革命，世界由"蒸汽机时代"进入"**电气时代**"。在这一时期，一些发达资本主义国家的工业总产值超过了农业总产值；工业重心由轻纺工业转为重工业，出现了电气、化学、石油等新兴工业部门。由于 19 世纪 70 年代以后，发电机、电动机相继发明，远距离输电技术出现，电气工业迅速发展起来，电力在生产和生活中得到广泛的应用。

内燃机的出现及 19 世纪 90 年代以后的广泛应用，为汽车和飞机工业的发展打下了基础，也推动了石油工业的发展。化学工业是这一时期新出现的工业部门，从 19 世纪 80 年代起，人们开始从煤炭中提炼氨、苯等物质用来制作人造燃料等化学产品，塑料、绝缘物质、人造纤维、无烟火药也相继发明并投入了生产和使用。原有的工业部门如冶金、造船、机器制造以及交通运输、电信等部门的技术革新也在加速进行。

2) 第二次工业革命的标志

电力的发明和使用，特别是新能源电力的广泛应用使人类进入了"电气时代"。电力的广泛应用是第二次工业革命的显著特点。

3) 第二次工业革命中的重大事件

第二次工业革命中的重大事件包括：

- 19 世纪 70 年代发电机研制成功；
- 美国人爱迪生发明电灯泡；
- 德国人西门子制成第一辆有轨电车；
- 19 世纪 80 年代，德国人卡尔本茨设计出内燃机，1885 年制成三轮汽车；
- 美国人莱特兄弟制成飞机并试飞成功；
- 有线电报、有线电话的成功发明；
- 意大利马可尼制造出无线电通信设备，并于 1899 年在英国向法国发报成功。

3. 第三次工业革命(工业 3.0)——信息化、自动化时代

1) 第三次工业革命的兴起

20 世纪四五十年代以来，人类在原子能、电子计算机、微电子技术、航天技术、分子生物学和遗传工程等领域取得的重大突破，标示了第三次工业革命的到来，世界由"电气时代"进入"**信息化、自动化时代**"。

2）第三次工业革命的标志

人类在原子能、电子计算机、微电子技术、航天技术、分子生物学和遗传工程等领域取得的重大突破是第三次工业革命的标志。在第三次工业革命中最有划时代意义的是电子计算机的迅速发展和广泛应用，电子计算机是现代信息技术的核心。

3）第三次工业革命的影响

第三次工业革命的影响包括：

（1）极大地提高劳动生产率，促进生产的迅速发展；

（2）产生一大批新型工业，第三产业迅速发展起来；

（3）推动了社会生活的现代化，改变着人们的生活、学习、交往和思维方式；

（4）给各国经济的发展带来了机遇，同时也带来了竞争和挑战，世界各国都在大力发展高科技，以求在国际竞争中取胜；

（5）更加证明了科学技术是生产力发展最重要的推动力，科学技术是第一生产力，是知识经济时代到来的根本原因和基础。

1.1.2　工业 4.0 与中国制造 2025——智能化时代

1. 第四次工业革命(工业 4.0)的背景

工业 4.0(Industry4.0)是基于工业发展的不同阶段作出的划分。按照目前的共识，工业 1.0 是蒸汽机时代，工业 2.0 是电气时代，工业 3.0 是信息化、自动化时代，工业 4.0 则是利用信息化技术促进产业变革的时代，也就是智能化时代，世界由"信息化、自动化时代"进入"智能化时代"。

工业 4.0 其实就是"互联网＋制造"。"工业 4.0"是德国推出的概念，在美国对应为"工业互联网"，我国为"中国制造 2025"，这三者的本质内容是一致的，都指向一个核心，就是智能制造。以智能化为灵魂的"工业 4.0"，缔造了一个制造业美好未来的梦想，在全球引发了一场工业革命和产业升级的巨变。

工业 4.0 的五大特点：

（1）互联。工业 4.0 的理念是要把设备、生产线、工厂、供应商、产品和客户紧密地联系在一起。

（2）数据，包括产品数据、设备数据、研发数据、工业链数据、运营数据、管理数据、销售数据、消费者数据。

（3）集成。工业 4.0 将无处不在的传感器、嵌入式终端系统、智能控制系统、通信设施通过 CPS 形成一个智能网络。通过这个智能网络，使人与人、人与机器、机器与机器以及服务与服务之间，能够形成互联，从而实现横向、纵向和端到端的高度集成。

（4）创新。工业 4.0 的实施过程是制造业创新发展的过程，制造技术、产品、模式、业态、组织等方面的创新，将会层出不穷，从技术创新到产品创新，到模式创新，再到业态创新，最后到组织创新。

（5）转型。对于中国的传统制造业而言，转型实际上是从传统的工厂，即从 2.0、3.0 时代的工厂转型到 4.0 的工厂，在整个生产形态上，从大规模生产转向个性化定制。实际上整个生产的过程更加柔性化、个性化、定制化，这是工业 4.0 一个非常重要的特征。

工业 4.0 是涉及诸多不同企业、部门和领域，以不同速度发展的渐进性过程，跨行业、跨部门的协作成为必然。工业 4.0 和物联网正在向全球不同行业扩散，在自己的商业环境中实施工业 4.0 和物联网技术，企业将有更多机会创造盈利模式。

2. 中国制造 2025

1）"三步走"战略

"中国制造 2025"又被称为中国版的工业 4.0 规划，是我国实施制造强国战略第一个十年的行动纲领，是"三步走"战略中的第一步。"中国制造 2025"应对新一轮科技革命和产业变革，立足我国转变经济发展方式的实际需要，围绕创新驱动、智能转型、强化基础、绿色发展、人才为本等关键环节，以及先进制造、高端装备等重点领域，提出了加快制造业转型升级、提升增效的重大战略任务和重大政策举措。

第一步：到 2025 年，力争用十年时间，**迈入制造强国行列**，基本实现工业化，制造业大国地位进一步巩固，制造业信息化水平大幅提升。掌握一批重点领域关键核心技术，优势领域竞争力进一步增强，产品质量有较大提高。制造业数字化、网络化、智能化取得明显进展。重点行业单位工业增加值能耗、物耗及污染物排放明显下降。

制造业整体素质大幅提升，创新能力显著增强，全员劳动生产率明显提高，两化（工业化和信息化）融合迈上新台阶。重点行业单位工业增加值能耗、物耗及污染物排放达到世界先进水平。形成一批具有较强国际竞争力的跨国公司和产业集群，在全球产业分工和价值链中的地位明显提升。

第二步：到 2035 年，**我国制造业整体达到世界制造强国阵营中等水平**。创新能力大幅提升，重点领域发展取得重大突破，整体竞争力明显增强，优势行业形成全球创新引领能力，全面实现工业化。

第三步：新中国成立一百年时，制造业大国地位更加巩固，综合实力**进入世界制造强国前列**。制造业主要领域具有创新引领能力和明显竞争优势，建成全球领先的技术体系和产业体系。

2）中国制造 2025 的提出背景

新世纪以来，新一轮科技革命和产业变革正在孕育兴起，全球科技创新呈现出新的发展态势和特征。这场变革是信息技术与制造业的深度融合，以制造业数字化、网络化、智能化为核心，建立在物联网和务（服务）联网基础上，同时叠加新能源、新材料等方面的突破。

3）中国制造 2025 的主要内容

"中国制造 2025"是升级版的中国制造，体现为四大转变、一条主线和八项战略对策。

（1）四大转变：一是由要素驱动向创新驱动转变；二是由低成本竞争优势向质量效益竞争优势转变；三是由资源消耗大、污染物排放多的粗放制造向绿色制造转变；四是由生产型制造向服务型制造转变。

（2）一条主线：以体现信息技术与制造技术深度融合的数字化、网络化、智能化制造为主线。

（3）八项战略对策：推行数字化、网络化、智能化制造；提升产品设计能力；完善制造业技术创新体系；强化制造基础；提升产品质量；推行绿色制造；培养具有全球竞争力的企业群体和优势产业；发展现代制造服务业。

3. 中国煤矿智能化发展战略——煤矿矿井智能化

煤炭行业是我国能源领域的支柱行业。由于我国煤炭资源占我国化石类能源的90%，为保护我国的能源安全，在相当长的时间内，煤炭资源是保卫我国能源安全的基石。2019年我国能源局出台的《煤矿机器人重点研发目录》，以及2020年3月由国家发展改革委、能源局、应急部、煤监局、工信部、财政部、科技部、教育部8部委联合印发的《关于加快煤矿智能化发展的指导意见》(以下简称《煤矿智能化指导意见》)都表明，煤炭行业将在全行业率先实现煤矿主要生产装备机器人化(智能化)、矿井智能化。

1)《煤矿智能化指导意见》

为贯彻党中央国务院关于人工智能的决策部署，推动智能化技术与煤炭产业融合发展，提升煤矿智能化水平，促进我国煤炭工业高质量发展，国家发展改革委、能源局、应急部、煤监局、工信部、财政部、科技部、教育部8部委联合印发了《煤矿智能化指导意见》。

(1)《煤矿智能化指导意见》出台背景、重要性和必要性。

十九大报告提出："加快建设制造强国，加快发展先进制造业，推动互联网、大数据、人工智能和实体经济深度融合"。十九届四中全会提出："建立健全运用互联网、大数据、人工智能等技术手段进行行政管理的制度规则"。习近平总书记在2018年10月31日主持中共中央政治局第九次集体学习时，对"把握数字化、网络化、智能化融合发展契机"作出了重要论述。

煤炭行业作为我国重要的传统能源行业，是我国国民经济的重要组成部分，其智能化建设直接关系到我国国民经济和社会智能化的进程。煤矿智能化是煤炭工业高质量发展的核心技术支撑，将人工智能、工业物联网、云计算、大数据、机器人、智能装备等与现代煤炭开发利用深度融合，形成全面感知、实时互联、分析决策、自主学习、动态预测、协同控制的智能系统，实现煤矿开拓、采掘(剥)、运输、通风、洗选、安全保障、经营管理等过程的智能化运行，对于提升煤矿安全生产水平、保障煤炭稳定供应具有重要意义。

当前，地方政府和煤炭企业高度重视煤炭行业高质量发展，行业自动化、信息化水平不断提升，对通过智能化来提升煤矿安全也做了有益的尝试和探索，建成了一批无人开采工作面，一些省份还出台了有关煤矿智能化发展的指导文件，为推动煤矿智能化发展奠定了一定的基础，营造了良好氛围。但目前智能化建设工作存在研发滞后于企业发展需求、智能化建设技术标准与规范缺失、技术装备保障不足、研发平台不健全、高端人才匮乏等问题。为统一思想、凝聚共识，加快推动煤矿智能化发展，国家发展改革委、能源局等8个部委联合印发了《煤矿智能化指导意见》。

(2)煤矿智能化发展的指导思想、原则和目标。

加快煤矿智能化发展的指导思想是：以习近平新时代中国特色社会主义思想为指导，深入贯彻落实"四个革命、一个合作"能源安全新战略，坚持新发展理念，坚持以供给侧结构性改革为主线，坚持以科技创新为根本动力，推动智能化技术与煤炭产业融合发展，提升煤矿智能化水平，促进我国煤炭工业高质量发展。

煤矿智能化发展应遵循的四项基本原则：一是坚持企业主导与政府引导；二是坚持立

足当前与谋划长远;三是坚持自主创新与开放合作;四是坚持典型示范与分类推进。

煤矿智能化发展的三个阶段性目标:

① 到 2021 年,建成多种类型、不同模式的智能化示范煤矿,初步形成煤矿开拓设计、地质保障、生产、安全等主要环节的信息化传输、自动化运行技术体系,基本实现掘进工作面减人提效,综采工作面内少人或无人操作,井下和露天煤矿固定岗位的无人值守与远程监控;

② 到 2025 年,大型煤矿和灾害严重煤矿基本实现智能化,形成煤矿智能化建设技术规范与标准体系,实现开拓设计、地质保障、采掘(剥)、运输、通风、洗选物流等系统的智能化决策和自动化协同运行,井下重点岗位机器人作业,露天煤矿实现智能连续作业和无人化运输;

③ 到 2035 年,各类煤矿基本实现智能化,构建多产业链、多系统集成的煤矿智能化系统,建成智能感知、智能决策、自动执行的煤矿智能化体系。

(3) 煤矿智能化发展的主要任务。

《煤矿智能化指导意见》明确了煤矿智能化发展的 10 项主要任务:一是加强顶层设计,科学谋划煤矿智能化建设。研究制订煤矿智能化发展行动计划,鼓励地方政府研究制订煤矿智能化发展规划,支持煤炭企业制订和实施煤矿智能化发展方案。二是强化标准引领,提升煤矿智能化基础能力。加快基础性、关键技术标准和规范制修订,开展煤矿智能化标准体系建设专项工作。三是推进科技创新,提高智能化技术与装备水平。加强煤矿智能化基础理论研究,加强关键共性技术研发,推进国家级重点实验室等技术创新研发平台建设,加快智能工厂和数字化车间建设。四是加快生产煤矿智能化改造,提升新建煤矿智能化水平。对具备条件的生产煤矿进行智能优化提升,推行新建煤矿智能化设计,鼓励具有严重灾害威胁的矿井加快智能化建设。五是发挥示范带动作用,建设智能化示范煤矿。凝练出可复制的智能化开采模式、技术装备、管理经验等,并进行推广应用。六是实施绿色矿山建设,促进生态环境协调发展。坚持生态优先,推进煤炭清洁生产和利用,积极推进绿色矿山建设。七是推广新一代信息技术应用,分级建设智能化平台。探索建立国家级煤矿信息大数据平台,鼓励地方政府有关部门建设信息管理云平台,推进煤炭企业建立煤矿智能化大数据应用平台。八是探索服务新模式,持续延伸产业链。推动煤矿智能化技术开发和应用模式创新,打造煤矿智能装备和煤矿机器人研发制造新产业,建设具有影响力的智能装备和机器人产业基地。九是加快人才培养,提高人才队伍保障能力。支持和鼓励高校加强煤矿智能化相关学科专业建设,培育一批具备相关知识技能的复合型人才,创新煤矿智能化人才培养模式,共建示范性实习实践基地。十是加强国际合作,积极参与"一带一路"建设。开展跨领域、跨学科、跨专业协同合作,支持共建技术转移中心。加强与"一带一路"沿线国家能源发展战略对接,构建煤矿智能化技术交流平台。

2) 煤矿机器人重点研发计划——煤矿生产装备智能化(机器人化)

煤矿灾害重、风险大、下井人员多、危险岗位多,研发应用煤矿机器人有利于减少井下作业人数、降低安全风险、提高生产效率、减轻矿工劳动强度,有利于解决煤矿招工难等问题,对推动煤炭开采技术革命、实现煤炭工业高质量发展、保障国家能源安全供应具有重要意义。国家煤矿安全监察局 2019 年 1 月 2 日颁布了《煤矿机器人重点研发目录》,聚焦关键岗位、危险岗位，重点研发应用掘进、采煤、运输、安控和救援 5 类，共 38 种煤矿机器人。国家煤矿安全监察局将煤炭行业几乎所有装备进行机器人化（智能化）升级，是保证我国能源安全的重要支撑。

第一类：掘进类机器人。

掘进类机器人包括：掘进工作面机器人群、掘进机器人、全断面立井盾构机器人、临时支护机器人、钻锚机器人、喷浆机器人、探水钻孔机器人、防突钻孔机器人、防冲钻孔机器人等 9 种机器人。

第二类：采煤类机器人。

采煤类机器人包括：采煤工作面机器人群、采煤机机器人、超前支护机器人、充填支护机器人、露天矿穿孔爆破机器人等 5 种机器人。

第三类：运输类机器人。

运输类机器人包括：搬运机器人、破碎机器人、车场推车机器人、巷道清理机器人、煤仓清理机器人、水仓清理机器人、选矸机器人、巷道冲尘机器人、井下无人驾驶运输车、露天矿电铲智能远程控制自动装载系统、露天矿卡车无人驾驶系统等 11 种机器人。

第四类：安控类机器人。

安控类机器人包括：工作面巡检机器人、管道巡检机器人、通风监测机器人、危险气体巡检机器人、自动排水机器人、密闭砌筑机器人、管道安装机器人、皮带机巡检机器人、井筒安全智能巡检机器人、巷道巡检机器人等 10 种机器人。其中，巷道巡检机器人具有设备设施巡检、环境探测、自主移动、精确定位、设备运行工况检测、设施状况诊断、巷道变形检测、有害气体检测，以及替代人工对巷道进行巡检等 9 种功能。

第五类：救援类机器人。

救援类机器人包括：井下抢险作业机器人、矿井救援机器人、灾后搜救水陆两栖机器人等 3 种机器人。

4. 机器人的发展史

1）国外机器人的发展

早在三千多年前的西周时代，我国就出现了能歌善舞的木偶，称为"倡者"，这可能是世界上最早的"机器人"。然而真正机器人的出现，或者说它的历史并不算长，直到 1959 年美国英格伯格和德沃尔制造出世界上第一台工业机器人，机器人的历史才真正拉开了帷幕。

一般地，我们把机器人定义为有程序控制的，具有人的思维、判断能力，可以替代人进行工作的机器。

1662 年，日本的竹田近江利用钟表技术发明了自动机器玩偶，并在大阪的道顿堀演出。18 世纪末，日本人若井源大卫门和源信在此基础上进行了改进，制造出了端茶玩偶。它是木质的，发条和弹簧则是用鲸鱼须制成的。它双手捧着茶盘，如果把茶杯放在茶盘上，它便会向前走，把茶端给客人；客人取茶杯时，它会自动停止行走；客人喝完茶把茶杯放回茶盘上时，它就又转回原来的地方。若在客厅里有这样一个玩偶，一定会给人们增添许多乐趣。

法国的机械师鲍堪松小时候就擅长搞发明创造，常幻想用机械制造出与真的动物一样的"机械动物"。1738 年，他制造出带有齿轮的铁鸭子，它能惟妙惟肖地模仿真正的鸭子的动作，当时的百科词典中有详细的描写，德国大诗人歌德后来见到过这个铁鸭子，还将其记到了自己的日记中。

鲍堪松还制造过会吹笛子的牧童，它坐在基座上，高 170 厘米，能吹 12 首不同的曲子。牧童用嘴向长笛的圆孔吹气，使笛子发出响声，它的手指在笛子上的其他圆孔上来回按动，使长笛的声音发生变化。牧童吹笛子的时候，鲍堪松还亲自用铃鼓伴奏。鲍堪松制造的"自动偶人"，曾向巴黎公众展出过，当时轰动了整个欧洲。鲍堪松还制造了一个能在普通织布机上使用的"机械驴"，有人说这是第一个"工业机器人"，因而把鲍堪松誉为欧洲的机器人之父。

20 世纪五六十年代，随着机构理论和伺服理论的发展，机器人进入了使用化阶段。1954 年，美国的 G. C. Devol 发表了"通用机器人"专利；1960 年，美国 AMF 公司生产了柱坐标型 Versatran 机器人，可作点位和轨迹控制，这是世界上第一种用于工业生产的机器人。

英格伯格在大学时期攻读了一种研究运动机构如何才能更好地跟踪控制信号的伺服理论。德沃尔曾于 1946 年发明了一种系统，可以"重演"所记录的机器的运动。1954 年，德沃尔又获得可编程机械手专利，这种机械手按程序进行工作，可以根据不同的工作需要对其编制不同的程序，因此具有通用性和灵活性。英格伯格和德沃尔都在研究机器人，认为汽车工业最适于用机器人干活，因为在汽车工业中是用重型机器进行工作的，生产过程较为固定。1959 年，英格伯格和德沃尔联手制造出第一台工业机器人。

这台工业机器人也成为了世界上第一台真正的实用工业机器人。此后英格伯格和德沃尔成立了"尤尼梅逊"公司，兴办了世界上第一家机器人制造工厂。第一批工业机器人被称为"尤尼梅特"，意思是"万能自动"，英格伯格和德沃尔也因此被称为机器人之父。1962 年，美国机械与铸造公司也制造出工业机器人，称为"沃尔萨特兰"，意思是"万能搬动"。"尤尼梅特"和"沃尔萨特兰"就成为世界上最早的、至今仍在使用的工业机器人。

20 世纪 70 年代后期，美国政府和企业界虽有所重视，但在技术路线上仍把重点放在研究机器人软件及军事、宇宙、海洋、核工程等特殊领域的高级机器人的开发上，致使日本的工业机器人后来居上，并在工业生产的应用上及机器人制造业上很快超过了美国，相关产品在国际市场上形成了较强的竞争力。

早在 1966 年，美国 Unimation 公司的尤尼梅特机器人和 AMF 公司的沃尔萨特兰机器人就已经率先进入英国市场。1967 年，英国的两家大机械公司还特地为美国这两家机器人公司在英国推销机器人。接着，英国 Hall Automation 公司研制出自己的机器人 RAMP。20 世纪 70 年代初期，由于英国政府科学研究委员会颁布了否定人工智能和机器人的 Lighthall 报告，对工业机器人实行了限制发展的严厉措施，因而机器人工业一蹶不振，在西欧差不多居于末位。

法国不仅在机器人拥有量上居于世界前列，而且在机器人应用水平和应用范围上处于世界先进水平。这主要归功于法国政府一开始就比较重视机器人技术，特别是把重点放在开展机器人的应用研究上。

德国工业机器人的总数占世界第三位，仅次于日本和美国。这里所说的德国，主要指的是原联邦德国。它比英国和瑞典引进机器人大约晚了五六年。之所以如此，是因为德国的机器人工业一起步，就遇到了国内经济不景气的情况。但是德国因为战争，导致劳动力短缺，加之国民技术水平高，创造了使用机器人的有利条件。到了 20 世纪 70 年代中后期，政府采用行政手段为机器人的推广开辟道路：在"改善劳动条件计划"中规定，对于一些有危险、有毒、有害的工作岗位，必须以机器人来代替普通人的劳动。这个计划为机器人的应用开拓了广泛的市场，并推动了工业机器人技术的发展。日耳曼民族是一个重实际的民族，他们始终坚持技术应用和社会需求相结合的原则。除了像大多数国家一样，将机器人主要应用在汽车工业之外，德国在纺织工业中用现代化生产技术改造原有企业，报废了旧机器，购买了现代化自动设备。电子计算机和机器人，使纺织工业成本下降，产品质量提高，产品的花色品种更加适销对路。到了 1984 年，终于使这一被喻为"快完蛋的行业"重新振兴起来。与此同时，德国看到了机器人等先进自动化技术对工业生产的作用，提出了 1985 年以后要向高级的、带感觉的智能型机器人转移的目标。经过近十年的努力，其智能机器人的研究和应用方面在世界上处于公认的领先地位。

苏联从理论和实践上探讨机器人技术是从 20 世纪 50 年代后半期开始的，并在 20 世纪 50 年代后期开始了机器人样机的研究工作。1968 年成功地试制出一台深水作业机器人。1971 年研制出工厂用的万能机器人。早在苏联第九个五年计划（1970—1975 年）开始时，就把发展机器人列入国家科学技术发展纲领之中。到 1975 年，已研制出 30 个型号的120 台机器人，经过 20 年的努力，苏联的机器人在数量、质量水平上均处于世界前列地位。国家有目的地把提高科学技术进步当作推动社会生产发展的手段，来安排机器人的研究制造和有关机器人的研究生产。机器人的推广和提高工作，都由政府安排，有计划、按步骤地进行。

2）国内机器人的发展

在我国，社会主义制度的优越性决定了机器人能够充分发挥其长处。它不仅能为我国的经济建设带来高度的生产力和巨大的经济效益，而且将为我国的宇宙开发、海洋开发、核能利用等新兴领域的发展作出卓越的贡献。我国已在"七五"计划中把机器人列入国家重点科研规划内容，拨巨款在沈阳建立了全国第一个机器人研究示范工程，全面展开了机器人基础理论与基础元器件研究。十几年来，相继研制出示教再现型的搬运、点焊、弧焊、喷漆、装配等门类齐全的工业机器人及水下作业机器人、军用机器人和特种机器人。目前，示教再现型机器人技术已基本成熟，并在工厂中推广应用。我国自行生产的机器人喷漆流水线在长春第一汽车厂及东风汽车厂投入运行。

3）机器人的分类

就现在的机器人而言，我们又可以根据不同的标准将其分成很多类型。

根据机器人的应用领域，可分成**工业机器人、服务机器人和特种机器人**。

经过半个多世纪发展起来的机器人，大致经历了三代。第一代为简单个体机器人，第二代为群体劳动机器人，第三代为类似人类的智能机器人。而机器人未来发展方向是有知觉、有思维、能与人对话，而且在发生故障时，能通过自我诊断装置诊断出故障部位，并能自我修复的智能机器人。

今天，机器人的应用范围大大地扩展了。除工农业生产外，机器人应用到各行各业，已具备了人类的特点。机器人向着智能化、拟人化方向发展的道路，是没有止境的。

1.2　机器人工程专业

1.2.1　什么是机器人工程专业

机器人工程专业是顺应国家建设需求和国际发展趋势而设立的一个新兴专业，2015 年被教育部批准成为本科新专业，列入招生计划。该专业是以控制科学与工程、机械工程、计算机科学与技术、材料科学与工程、生物医学工程和认知科学等学科中涉及的机器人科学技术问题为研究对象，综合应用自然科学、工程技术、社会科学、人文科学等相关学科的理论、方法和技术，研究机器人的智能感知、优化控制与系统设计、人机交互模式等学术问题的一个多领域交叉的前沿学科。机器人工程专业的学生具有厚基础、宽口径、重实践、富创新的特点，具有团队组织协调与综合运用所学知识的能力，具有融合掌握多学科基础理论的专业优势。

在生产方面，伴随着我国人口红利不断消退，各地工业经济发展加速转型升级，由政府力推、企业力行的"机器换人"潮正加快部署，完全由机器人来代替人工进行生产的"黑灯工厂"不断涌现。2013 年起，中国已经成为全球第一大工业机器人市场。此外，深部地下、深海、深空等极端危险环境下的作业也需要使用机器人来实现少人化和无人化。

在生活方面，随着我国经济的快速发展和社会文明的进步，人民对美好生活的需求也不断提高。机器人技术是提高日常生活质量的重要手段，扫地机器人、炒菜机器人、情感陪护机器人、仓储物流机器人、巡检机器人、康复机器人、医疗手术机器人及特种服务机器人不断涌现，功能越来越先进，技术也将愈来愈成熟。机器人技术在生活服务领域的应用和发展同样迫切需要大量机器人工程专业人才。

机器人被称为"最高意义上的自动化"，机器人是"人类社会的里程碑"，机器人是"制造业皇冠顶端的明珠"。机器人专业是顺应国家建设需求、符合国际发展趋势的典型新工科专业，具有很强的新颖性、综合性和实践性。工业机器人——改变生产方式；服务机器人——提升生活品质；军用机器人——颠覆战争模式。

1.2.2　机器人工程专业在本科院校的设立情况

2016 年 6 月，我国成为国际工程联盟《华盛顿协议》成员后，于 2017 年启动新工科建设的新时代中国高等工程教育，主要内容是学科交叉融合，理工结合、工文渗透，孕育产生交叉专业，跨院系、跨学科、跨专业培养工程人才的教育模式。机器人工程专业融合了机械、电子电气、计算机、控制、人工智能等众多学科知识，是"当代高技术的结晶"，具有明显的新工科特征。

2015 年，东南大学首次获批"机器人工程"专业，专业代码为 080803T，是自动化类的特设专业，修学四年，颁发工学学士学位。2016 年，东北大学、湖南大学、北京信息科技大学等 25 所高校获批"机器人工程"专业；2017 年，60 所高校获批"机器人工程"专业，在这 60 所院校中，其中不乏北京航空航天大学、中国矿业大学、河海大学、合肥工业大学、北京工业大学这些 211 及 985 工程大学，也有天津理工大学、重庆邮电大学这种计算机专业、自动化专业比较强的大学，但更多的是一般大学或者是独立学院；2018 年，101 所高校获批"机器人工程"专业；2019 年，62 所高校获批"机器人工程"专业；2020 年，53 所高校获批"机器人工程"专业；2021 年，20 所高校获批"机器人工程"专业。从 2015 年到 2021 年，7 年时间，全国 322 所高校成功申报"机器人工程"专业。

从机器人工程专业招生院校来看，隶属学科包括：自动化学科、机械工程学科、控制工程学科及计算机学科。很多院校依托本校的一级博士点学科、一级硕士点学科，形成本、硕、博一体的人才培养模式，如安徽理工大学机器人工程本科专业，依托机械工程一级学科博士点、硕士点，人工智能博士点、硕士点和智能制造硕士点，形成了"本科—硕士—博士"贯通式人才培养模式。

1.2.3　机器人工程专业学什么

机器人工程专业主要以控制科学与工程、机械工程、计算机科学与技术、材料科学与工程、生物医学工程和认知科学等学科中涉及的机器人科学技术问题为对象开展研究，例如机器人的智能感知、优化控制与系统设计、人机交互模式等。

本科阶段主要学习的基础课和专业课包括以下课程：机器人技术基础、自动控制原理、机械学基础、机器人操作系统基础、机器人动力学控制、机器学习、人机交互与人机接口技术等，涵盖了人工智能、传感技术、机器人机构设计制造、系统集成和人机交互等各个方面，并且面向新工科建设和工程教育认证，加强了实践教学环节，安排了大量的实验、实习和实训课程。所有课程分类为不同的课群，采取渐进、梯度式的培养模式进行教学工作。

作为机器人及人工智能领域最前沿的学科专业，机器人工程专业主要培养适应国际科技前沿和国家战略发展需求，符合社会和行业发展需要，具有较强国际沟通能力，熟悉国际规则和惯例的，厚基础、宽口径、重实践、富创新的高素质复合型人才。这些人才要具有团队组织协调与综合运用所学知识的能力，具有融合掌握多学科基础理论的专业优势，正是因为这样的特色，毕业学生的就业和深造前景十分广阔。

1.2.4　机器人工程专业与智能科学与技术专业的区别

智能科学与技术专业与机器人工程专业都是符合时代发展需要，以研究和发展人工智能理论和技术为目标的新兴学科。在某种程度上，智能科学与技术专业更"偏软"一点，比如大数据分析、智能决策等都是以算法加软件为主。机器人工程专业是集信息、电子、计算机、控制和机械及认知生物等技术为一体的，所研究的对象更"偏硬"一点，以研发出能够最大限度模拟生物体的机电控一体化智能系统为目标。机器人需要有合理的机械结构、灵敏的感知和认知、实时准确的动作控制、灵活的智能分析和自然和谐的人机交互等。因此，机器人是一个前沿性、多学科交叉的研究平台，以此为基础开展教学改革和科研实践，具备天然的优势。而且，不论是在"德国工业 4.0""美国 CPS 系统"，还是"中国制造 2025"等国家发展战略中，机器人都处于核心和不可替代的地位，这些发展战略的开展和实施都迫切需要大量的机器人专业人才。

1.3　近年来关于机器人的热点话题

1.3.1　北京冬奥会机器人吹响"集结号"

2022 年 2 月 4 日，第 24 届冬季奥林匹克运动会在北京开幕。北京奥运是科技、绿色理念的冰雪世界的竞赛，也是第一个面临新冠肺炎疫情考验的冬奥会。

科技感是北京冬奥会的特色之一，云转播、智能裁判、智能防疫消毒、数字人民币等种种数字化应用体现在了冬奥会中。

拥有实体的机器人在北京冬奥会中吹响"集结号"。防疫机器人、引导机器人、递送机器人、物流机器人、炒菜机器人、送餐机器人等各类机器人"黑科技"都在冬奥会中"一展拳脚"。

早在 2019 年，北京冬奥服务型机器人创新产品测评比选大赛就已经紧锣密鼓地开启。据新华网报道，当时就有 26 家企业的 51 款机器人产品参加公寓入住、颁奖、移动售货、社区配送、点菜送餐等九大类应用场景的角逐，只为遴选出技术先进、功能创新、安全可靠的优秀机器人产品和解决方案，为 2022 年北京冬奥会和冬残奥会插上"科技的翅膀"。

新华网援引中国电子信息产业发展研究院副院长黄子河等专家观点，称该比赛是面向智能机器人产品的全方位、多角度、多层次的技术大比拼，有力推动服务型机器人在客房服务、器械运送、导览翻译、安防巡检等众多领域提供更高水平的服务，令冬奥会科技感十足。

例如，碧桂园千玺机器人集团研发制造的智慧餐厅助力北京冬奥会的后勤服务，该餐厅的最大特点是采用了汉堡机、煲仔饭机、炒菜机等十余款智能烹饪及传送设备，高效且减少交叉接触，如图 1-1 和图 1-2 所示；百度地图上线"冬奥专用道导航"服务，全面保障赛时城市交通和公众出行平稳有序；百度智能云通过"3D＋AI"技术，将竞技体育的专业知识、比赛场地、打分规则等更加直观形象地呈现出来，助力冰雪赛事的观看解说；猎豹移动投资的智能服务机器人公司猎户星空在冬奥会期间提供公寓入住、移动售货、点菜送餐、导航翻译等服务。

图 1-1　智能烹饪设备煲仔饭机

图 1-2　"智咖大师"

与此同时，京东物流的智能无人配送车、无接触智能配送柜、智能仓储管理系统等也已进驻北京 2022 冬奥会和冬残奥会。

据了解，为推进科技防疫，京东物流在多个冬奥会场馆内陆续投用 14 台室外智能配送设备和 3 台室内智能配送设备，如图 1-3 所示。这些设备基于智能规划路径、自主移动等智能驾驶技术，能够提供高效的无接触配送服务，目前用于冬奥会期间的场馆内物资配送、行李搬运等。

图 1-3　智能物流机器人

为进一步落实无接触配送，京东物流还将陆续投用 23 套双面智能配送柜，最大程度避免存、取件人的直接接触，解决冬奥会场馆内"最后一公里"的无接触配送难题。此外，京东物流在冬奥会主物流中心引入智能仓储管理设施，对高风险物资实行自动化管理及分拣，降低库内操作工人接触高风险物资的概率，实现无人化、智能化的仓储管理，有效应对进口物资仓储管理的防疫压力。

世界迎来了一届"简约、安全、精彩"的冬奥盛会，而在冬奥会上出现的各种"黑科技"机器人以及虚拟人，都折射出中国近年来在 AI、机器人行业正成为"风口"的发展趋势。

1.3.2　AlphaGo 人工智能围棋机器人

阿尔法围棋(AlphaGo)是第一个击败人类职业围棋选手、第一个战胜围棋世界冠军的人工智能机器人,由谷歌(Google)旗下 DeepMind 公司戴密斯·哈萨比斯领衔的团队开发,其主要工作原理为"深度学习"。

2016 年 3 月,阿尔法围棋与围棋世界冠军、职业九段棋手李世石进行围棋人机大战,以 4 比 1 的总比分获胜;2016 年末 2017 年初,该程序在中国棋类网站上以"大师"(Master)为注册账号与中日韩数十位围棋高手进行快棋对决,连续 60 局无一败绩;2017 年 5 月,在中国乌镇围棋峰会上,它与排名世界第一的世界围棋冠军柯洁对战,以 3 比 0 的总比分获胜。围棋界公认阿尔法围棋的棋力已经超过人类职业围棋顶尖水平,在 GoRatings 网站公布的世界职业围棋排名中,其等级分曾超过排名人类第一的棋手柯洁。

2017 年 7 月 18 日,教育部、国家语委在北京发布《中国语言生活状况报告(2017)》,"阿尔法围棋"入选 2016 年度中国媒体十大新词。

无论是北京冬奥会的"机器人吹响集结号",AlphaGo 人工智能围棋机器人战胜当今围棋世界冠军,还是煤炭行业将在 2035 年实现整体装备智能化,我们都可以看出,机器人时代离我们生产、生活越来越近了。

1.4　当前中国机器人应用情况

据《2016—2021 年中国工业机器人行业产销需求预测与转型升级分析报告》中数据显示:2021 年,全球工业机器人的销量预计达到 435 000 台,至 2021 年底,全球范围内工厂工业机器人保有量达 350 万台。

随着机器人的迅速发展,机器人技术已经成为展示一个国家制造水平和科技水平的重要标志,在技术发达国家已经建成一批工业机器人制造厂。如:瑞典的 ABB,日本的 FANUC、MOTOMAN,德国的 KUKA 等,已经成为其所在国的支柱性产业。但我国工业机器人发展由于起步较晚,基本还处在产业化的初期阶段,市场相对比较小。2016,我国服役的机器人占世界上服役机器人总量的四分之一,到 2020 年,我国工业机器人新装机量已占全球总装机量的 44% 左右,世界第一。在多种因素的引诱下,工业机器人产业的发展速度将再次提速,步入历史上的第二个繁荣发展期,或将比第一次浪潮还将剧烈。

2021 年,我国工业机器人实际装机量已超过 100 万台,占全球装机量的 28%,意味着大概需要数百万工业机器人应用相关从业人员,其中,工业机器人本体制造与集成厂商需求机器人研发、销售、安装调试、技术支持等专业人才;机器人的终端应用企业需求机器人工作站调试维护、操作编程等综合素质较强的技术技能人才。

过去我国机器人技术人才主要集中在有限的大专院校和科研单位,而且主要以科学研究为主,工业现场严重缺乏技能型人才,这已经成为制约机器人应用和推广的瓶颈问题之一。目前高职高校设置的机器人专业也只是刚开始逐渐发展。作为一个新兴专业,专业建设是一个系统工程，面临专业规划、课程开发、师资能力、实训设备、培训认证、人才出口等资源相对缺乏的难题，在当前新形势下，要培养工业机器人专业适应工业实际的高技能型人才，单纯依靠院校的力量稍显不足，需要整合相关政、行、校、企等各方面资源，特别需要采取校企合作等手段共同发力，共同推进工业机器人人才培养。

1.4.1 机器人市场及人才需求分析

来自国际机器人联合会的一项统计结果显示，平均每一万人拥有的工业机器人数，在工业发达国家，韩国 478 台/万人，日本 314 台/万人，德国 292 台/万人，而中国只有 36 台/万人，如图 1-4 所示。2020 年，全世界平均每一万人拥有 113 台工业机器人，这一数字在中国已提升为 187 台/万人。因此，中国工业机器人密度存在较大提升空间，市场潜力巨大，如图 1-5 所示。

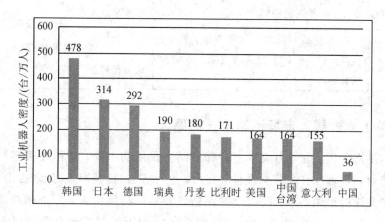

图 1-4 2013 年部分国家和地区工业机器人密度

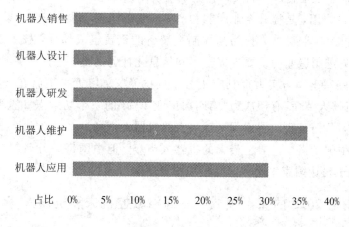

图 1-5 工业机器人人才需求结构分析

根据近几年企业对工业机器人技术型人才的需求特点，并针对工业机器人企业中主要岗位进行分析，得出岗位素质与相关课程如表 1-1 所示。

表 1-1　工业机器人技术专业职业岗位定位及岗位素质分析表

职业岗位	岗位素质	相关核心课程
机器人系统方案设计	按要求对机器人控制系统进行硬件系统的设计、软件系统控制	工业机器人技术基础、工业机器人编程与示教、现场总线与通信技术等
工业机器人编程应用	按要求对机器人控制系统进行安装、调试	高级语言基础、工业机器人仿真、工业机器人编程与示教等
工业机器人维修技术员	按要求对机器人控制系统进行维修、调试	机电设备装调与维修技术、机器人自动化生产线应用与维护等
机器人项目研发工程师	按要求对机器人控制系统进行系统的研发、软件系统控制	工业机器人编程与示教、工控组态与现场总线技术等
工业机器人销售管理	熟悉产品的结构、主要功能、性能、优缺点。了解与人沟通的技巧、市场营销技巧	工业机器人技术基础、市场营销、沟通与技巧等

1.4.2　中国工业机器人市场迅速增长的原因

劳动力的供需矛盾。劳动力成本上升和劳动力供给的下降，使得在很多产业，尤其在中低端工业产业，劳动力的供需矛盾非常突出，这对实施"机器换人"计划提出了迫切需求。

企业转型升级的迫切需求。随着全球制造业转移的持续深入，先进制造业回流，中国的低端制造业面临产业转移和空心化的风险。因此，中国的制造业企业迫切需要转变传统的制造模式，降低企业运行成本，提升企业发展效率，提升工厂的自动化、智能化程度。而工业机器人的大量应用，是提升企业产能和产品质量的重要手段。

国家战略需求。工业机器人作为高端制造装备的重要组成部分，技术附加值高，应用范围广，是我国先进制造业的重要支撑技术和信息化社会的重要生产装备，将对未来生产、社会发展以及增强军事国防实力都具有十分重要的意义。习近平主席在 2014 年两院院士大会上强调："机器人革命"有望成为"第四次工业革命"的一个切入点和重要增长点，将影响全球制造业格局，而且我国将成为全球最大的机器人市场。

然而，尽管中国是当今世界上最大的机器人市场，但中国每一万名制造工人拥有的机器人数量却远低于发达国家水平和国际平均水平。

1.4.3　中国制造 2025 的重点领域——高档数控机床和机器人

"中国制造 2025"站在历史的新高度，从战略全局出发，明确提出了我国实施制造强国战略的第一个十年的行动计划，将"高档数控机床和机器人"作为大力推动的重点领域之一，提出机器人产业的发展要围绕汽车、机械、电子、危险品制造、国防军工、化工、轻工等工业机器人应用以及医疗健康、家庭服务、教育娱乐等服务机器人应用的需求，积极研发新产品，促进机器人标准化、模块化发展，扩大市场应用。突破机器人本体，减速器、伺服电机、控制器、传感器与驱动器等关键零部件及系统集成设计制造技术等技术瓶颈，并在重点领域技术创新路线图中明确了我国未来十年机器人产业的发展重点主要为两个方向：一是开发工业机器人本体和关键零部件系列化产品，推动工业机器人产业化及应用，满足我国制造业转型升级迫切需求；二是突破智能机器人关键技术，开发一批智能机器人，积极应对新一轮科技革命和产业变革的挑战。

1. 以需求为导向，增强创新能力，扩大市场应用

根据应用环境不同，国际机器人联合会(IFR)将机器人分为两类：制造环境下的工业机器人和非制造环境下的服务机器人。工业机器人是在工业生产中使用的机器人的总称，是现代制造业中重要的工厂自动化设备；服务机器人是服务于人类的非生产性机器人，服务机器人技术主要应用于非结构化环境，结构比较复杂，能够根据自身的传感器与外界通信，获得外部环境的信息，从而进行决策，完成相应的作业任务。

1) 中国已成为全球第一大工业机器人市场，潜力仍待挖掘

工业机器人主要是指面向工业领域的多关节机械手或多自由度机器人，用于工业生产过程中的搬运、焊接、装配、加工、涂装、清洁生产等方面。2014 年，全球工业机器人销量创下历史新高，达到 22.5 万台，同比增长 27%。市场增长的动力主要来自亚洲地区，特别是中韩两国。

近年来，中国机器人市场需求快速增长，并已成为全球机器人重要市场。2014 年，中国工业机器人销量达到 5.6 万台，同比增长 52%，再次成为全球最大工业机器人市场。用户已从外商独资企业、中外合资企业为主，向内资企业乃至中小企业发展。国内沿海工业发达地区不少企业产品用来出口，对产品质量要求高，越来越多的企业采用机器人代替产业工人。在珠三角地区，使用工业机器人的年均增长速度已达到 30%，尤其在装配、点胶、搬运、焊接等领域，已经掀起了一股机器人使用热潮。

我国作为制造业大国，在工业机器人应用方面一直处于落后地位。除汽车行业外，量大面广的一般制造业对机器人的应用基本上处于自发、分散或零散的状态。随着我国工厂自动化的发展，工业机器人在其他工业行业中也将得到快速推广，如电子、金属制品、橡胶塑料、食品、建材、民爆、航空、医药设备等行业。

工业机器人的应用程度是一个国家工业自动化水平的重要标志。我国工业机器人的发展，应围绕加快我国智能制造的发展需求，协同机器人供需双方，一方面要提高我国机器人制造企业的创新能力，促进机器人标准化、模块化、系统化发展，降低使用成本，提升集成应用水平，从而扩大市场应用范围；另一方面要积极开展自主品牌机器人的应用试点，抓好一批效果突出、带动性强、关联度高的典型应用示范工程，以点带面推动运用工业机器人来改造提升传统制造业。

2) 我国服务机器人产业应以需求为导向，有重点地进行发展

服务机器人包括专用服务机器人和家用服务机器人，服务机器人的应用范围很广，主要从事维护保养、修理、运输、清洗、保安、救援、监护以及医疗、养老、康复、助残等工作。服务机器人是一种新型智能化装备、一项战略性高技术产品，在未来具有比工业机器人更大的市场空间。

目前国际上服务机器人的技术研发主要由美、日、中、德、韩五国主导。我国服务机器人的发展滞后于工业机器人，与日本、美国等国家相比，我国在服务机器人领域的研发起步较晚，与发达国家绝对差距还比较大。但相对于工业机器人而言，国内外差距较小。服务机器人一般都要结合特定需求市场进行开发，本土企业更容易结合特定的环境和文化进行开发并占据良好的市场定位，从而保持一定的竞争优势；另一方面，外国的服务机器人也属于新兴产业，大部分服务机器人公司成立的时间还比较短，因而我国的服务机器人产业面临着较大的机遇和发展空间。

从发展趋势来看，我国专业服务机器人有望先于个人/家用机器人实现产业化，特别是医疗机器人、危险特殊环境巡检探查机器人等。随着我国进入老龄化社会，医疗、护理和康复的需求增加，同时由于人们对生活品质追求的提高，将使个人/家用机器人在未来具有更为广阔的市场空间。

2. 突破技术瓶颈，提升产业化能力

机器人集现代制造技术、新型材料技术和信息控制技术为一体，是智能制造的代表性产品，其研发、制造、应用成为衡量一个国家科技创新和制造业水平的重要标志，引起了世界制造强国的高度重视。

我国机器人产业的发展可追溯到 20 世纪 80 年代，当时科技部将工业机器人列入了科技攻关计划，原机械工业部牵头组织了点焊、弧焊、喷漆、搬运等类型的工业机器人攻关，其他部委也积极立项支持，形成了中国工业机器人第一次高潮。其后，主要是由于市场需求的原因，机器人自主研发和产业化经历了长期的停滞。2010 年以后，我国机器人装机容量逐年递增，开始面向机器人全产业链发展。

机器人产业发展包括研发试验、机器人本体和零部件产业化、系统集成技术、服务等，每一个环节都很重要。我国机器人产业链的发展是一个任重道远的过程，整体来看，目前中国大部分机器人企业集中在集成领域，加工组装企业占多数。在核心及关键技术的原创性研究、高可靠性基础功能部件、系统工艺应用解决方案以及主机批量生产等方面，距发达国家还有相当的差距。关键部件方面，精密减速器、伺服电机及驱动器等关键部件大量依赖进口。虽然多年来国家对这方面也做了较大的投入支持，但由于原来市场规模和产业化程度不高，不足以带动核心部件的发展，因此效果不理想。

由此可见，我国机器人技术实力不足制约了产业化规模，而规模较小也反过来制约了技术的发展，这些都影响了机器人产业化进程。若想提高国产机器人的市场竞争力，一方面要扩大国产机器人产量，提高国内机器人企业的产能；另一方面要推动国产机器人关键零部件的国产化，提高关键零部件生产能力，满足国产机器人产能扩张的需要。

近两年，国家对智能制造和机器人高度重视。工信部、发改委、科技部等多部门都在力推机器人产业的发展，从顶层设计、财税金融、示范应用、人才培养等多个方面着手推进自主品牌机器人产业发展，扶持政策愈来愈全面、细化。这对我国机器人企业突破技术瓶颈、提高产业化能力将起到极大的促进作用。

目前对于我国机器人产业而言，已经不是重视或不重视的问题，而是以什么样的眼光来看待这个产业，以什么样的思维来培育和有序发展这个产业的问题。对于机器人产业的市场需求、技术创新模式、资金支持方式等多方面问题，各地政府对该产业的扶持政策都有望走向细化。

3. 下一代机器人研发生产

随着机器人技术的发展，根据功能不同，机器人又被分为一般机器人和智能机器人。其中，一般机器人是指只具有一般编程能力和操作功能的机器人，目前我国生产的机器人大多数属于这一类。智能机器人并没有统一的定义，大多数专家认为智能机器人至少要具备以下几大功能特征：① 对不确定作业条件的适应能力；② 复杂对象的灵活操作能力；③ 与人紧密协调合作的能力；④ 与人自然交互的能力；⑤ 人机合作安全。无论是现代的工业机器人还是服务机器人，最终都将发展为具有学习能力的智慧型机器人。我们一般将智能机器人又称为下一代机器人。随着 3D 视觉感知/认知、力觉传感器等技术的不断进步和与工业互联网、云计算、大数据等新一代信息技术的深度融合，下一代机器人的智能化程度将进一步提高，对外界的感知能力将进一步增强，可以完成动态、复杂的作业使命，实现多机协同，并与人类协同作业。

为进一步抢占国际市场，提升制造业在全球的竞争性地位，各经济强国跃跃欲试，纷纷制订发展规划，以图抢占先进机器人技术的发展先机。目前，德国政府推行"工业 4.0"战略，构建"智能工厂"，打造"智能生产"，其重点课题之一是人与机器、机器与机器之间的交互合作。美国 2013 年提出了"美国机器人发展路线图"，将围绕制造业攻克机器人的强适应性和可重构的装配、仿人灵巧操作、基于模型的集成和供应链的设计、自主导航、非结构化环境的感知、教育训练、机器人与人共事的本质安全性等关键技术。2015 年初，日本政府公布了《日本机器人新战略》，并在其五年行动计划中，明确提出要"研究开发下一代机器人中要实现的数据终端化、网络化、云计算等技术"。韩国政府近年来陆续发布多项政策，旨在扶植第三代智能机器人的研发与应用。2012 年，韩国公布的《机器人未来战略战网2022》，其政策焦点为支持韩国企业进军国际市场，抢占智能机器人产业化的先机。在美、日、欧等技术强国的大力推进下，下一代机器人样机、示范应用乃至实用系统不断涌现。

我国目前下一代工业机器人需求市场尚未完全成熟，但具有战略意义的共性技术研发、储备又尤为迫切，应首先注重夯实机器人产业技术基础，着力推动现有机器人的产业化进程，加快自主品牌机器人在国内市场的推广应用。探索新的技术研发模式，鼓励科研院所与企业发挥各自优势，多方建立下一代工业机器人前沿、共性技术研发与储备的国家级平台，从中国的国情、需求出发，突破下一代机器人核心技术，研制出下一代机器人样机系统、产品，并推进产业化进程，抢占下一代机器人国际制高点。对于应用于不同领域的机器人产品，实施不同的发展战略：一方面以企业为核心，以共性技术平台为支撑，优先发展下一代工业机器人，推进产需对接，抢占发展制高点；另一方面，以市场为导向，把握国内需求特点，发展医疗、养老助残等服务机器人和特殊服役环境下作业的特种机器人，如煤矿机器人、农业机器人、深海机器人、军事机器人等。

拓展阅读："中国机器人之父"蒋新松

第 2 章　机器人工程师之路

依托机械工程、电气自动化、控制工程、计算机技术等学科发展起来的机器人工程专业是新兴学科，截至 2021 年，共有 322 所高校成功申报了机器人工程专业。许多成功人士的远大前程都是建立在工程学课程的基础上。机器人工程师之路是一条充满挑战与梦想的奋斗之路，需要知识的学习、经验的积累、素质的培养和能力的锻炼。

2.1　机器人工程师

工程师靠科学知识、经验提出经济可行的解决技术问题的方案，做实际的设计与制造工作。工程师所需的知识包括机械、电学、计算机、运动控制、人工智能等。机器人工程师致力于机器人本体、感知、控制与决策的研究，主要从事机器人（如工业机器人、服务机器人和特种机器人）的研究、开发、设计、制造和试验、维护等工作。

2.1.1　机器人工程师的主要工作与特征

1. 机器人工程师的主要工作

机器人工程师的工作主要涉及以下方面。

设计：将机器人的概念转变成新产品或改进现有的产品。

研究与开发（R&D）：当新技术可以使用时，不断探索用新技术解决工程问题的方案。

生产：进行工艺规划和新的生产工艺的设计，组织实施产品的制造。

交流：和其他领域的工程师沟通产品设计理念。

2. 新一代机器人工程师的特征

1）工程综合

工程师的工作对象主要是技术系统本身和该系统与其环境的接口。从技术系统本身来看，现代科学技术，尤其是高科技，本身就是跨学科的，而且是科学、技术、工程在更高层次上的结合。

现代工程设计与工艺的理论、技术和方法正在逐步形成一门综合性的，涉及研究、开发、生产、营销等诸多领域的工程技术专业课程。从技术系统与其环境的接口来看，现代工程正在成为一种社会工程，现代工程师不仅要懂得科学、技术和工程，还要懂得科学、技术与人、社会之间的复杂关系，以使科学、技术、工程更好地为人和社会服务，同时善于在诸多的经济、政治、社会、法律、地域、资源、人口、心理等限制因素条件下正确地处理工程问题。

2）工程意识与工程能力

所谓工程意识，是指创新意识、实践意识、竞争意识、法律意识和管理意识等。所谓工程能力，是指思维能力、自学能力、研究能力、操作能力和创造能力等。

作为一个现代工程师，要面向现代化、面向世界、面向未来，但面向工程实际的本质并没有改变。只有深刻地理解了这一点，才能既有鲜明的现代意识，又有强烈的工程意识。

2.1.2 机器人工程师的学习

1. 学位学习

进行学位学习能够获得高水平的理解力，建立在解决各类技术问题时能起关键作用的信心；充分认识到只有对基本工程学科有广泛和良好的了解，才能成功地面对技术领域的各种挑战。

2. 继续学习

人们确信，学位学习只能完成适应工作能力中理想的一部分，还要通过继续学习来补充完善。否则，就会产生只知道理论，而不会付诸实践的弊端。继续学习主要包括以下几点：

技能的专门传授。技能的专门传授指在企业指定专门的人员，通过师傅传艺和指导老师指导的方式，传授企业所需的专门技能。

培训。培训指通过集中的方式在企业内外对从事技术开发的人员进行适应性培养。培训除了专业技能训练，也应该包含企业文化教育以及为加强组织纪律性的军训等方面的内容。

专业进修。专业进修的目的是使具有一定专业能力的技术开发人员跟上本专业的最新发展，深化某个专业领域的知识，并在较宽的范围内扩展专业知识，加强自身的内在技能，如有效的交流、语言能力和演讲能力等。专业培训的形式多样，如正式的课程、在职培训、个人学习和阅读最新的专业资料等。

3. 终身学习

面临现代社会和企业的发展与进步，只有保持个人的市场价值，才能保证其在任何学科专业工作的安全稳定性。因此，个人应该形成根深蒂固的终身学习的理念。

2.1.3 机器人工程师的素养

工程师必须对将来的社会变革具有良好的准备，具有革新精神、创造能力，能顺应变化；具有能够全面和深刻理解所需解决的、新的和不寻常的技术问题的能力；具有设计、制造、财务和管理等方面的知识。

1. 政治素质

工程师的政治素质主要体现在能为国家和社会的进步与发展献身的精神。"做事先做人"是千古不变的真理。人生一世，一是做人，二是做事。中国传统文化强调"人"与"事"联系的必然性，认为"什么样的人就会做出什么样的事"。

俗话说，做人要美，做事要精，立业先立德，做事先做人。做任何事情，都是从学做人开始的。

2. 敬业精神

敬业精神是人们基于对一件事情、对一种职业的热爱而产生的一种全身心投入的精神，是社会对人们工作态度的一种道德要求。敬业精神是一种基于挚爱基础上的对工作对事业全身心忘我投入的精神境界，其本质就是奉献的精神。具体来说，敬业精神就是在职业活动领域，树立主人翁责任感、事业心，追求崇高的职业理想；培养认真踏实、恪尽职守、精益求精的工作态度；力求干一行，爱一行，专一行，努力成为本行业的行家里手；摆脱单纯追求个人和小集团利益的狭隘眼界，具有积极向上的劳动态度和艰苦奋斗精神；保持高昂的工作热情和务实苦干精神，把对社会的奉献和付出看成无上光荣；自觉抵制腐朽思想的侵蚀，以正确的人生观和价值观指导和调控职业行为。

3. 专业素质

现代企业的技术开发工作，从主体上讲是要求工程师能研究开发新技术、新工艺、新材料、新设备、新产品、新服务，能解决复杂的工程问题，能高效高质地为生产服务，这些无疑是对工程师的基本的要求。

4. 知识素质

面向 21 世纪的工程师不仅应具有扎实的基础科学知识和工程科学知识，还应该具备经济、社会、文化、管理等方面的知识，这样才能使工程师顺利地从事技术开发工作，并获得很好的反馈。未来的企业更需要"技术＋管理""销售＋专业技术"或者"工程＋经济"的复合型人才。

5. 与社会相适应能力

工程师与社会相适应的能力具有和其知识素质同等重要的地位，甚至更为重要。因为，不具备一定的与社会相适应的能力，再渊博的知识也不可能得以发挥和利用。适当的个人"定位"和职业的"稳定性"至关重要。

6. 创新能力

工程师应具备独立创新、灵活应变、表达自己和实际动手的能力。在迅速变化的市场中，工程师的知识越多，理解力和创造性越强，经验越丰富，就越具备应对未来的能力，对提高现代企业的技术开发能力越有利，对企业发展的贡献越大。

2.2　机器人工程师的启航之路

2.2.1　明确目标

美国成功学家拿破仑·希尔在《一年致富》中有这样一句名言：一切成就的起点是渴望。一个人追求的目标越高，他的才能发展就越快。一心向着自己目标前进的人，整个世界都会给他让路。

1. 目标对人生有巨大的导向作用

所有人都渴望成功，那么，怎样才算成功呢？事实上，成功就是达到既定的有意义的目标。人生要有目标，目标指引成功。

美国的著名高等学府哈佛大学在目标对人生影响方面做过一个跟踪调查。调查的对象是一群智力、学历、环境等条件都差不多的大学毕业生。对他们在校期间的调查结果如下：

（1）27%的人，没有目标。

（2）60%的人，目标模糊。

（3）10%的人，有清晰但比较短期的目标。

（4）3%的人，有清晰而长远的目标。

25 年后，研究者对这些学生的跟踪调查结果如下：

（1）3%的人，25 年间他们朝着一个方向不懈努力，几乎都成为社会各界的成功人士，其中不乏行业领袖、社会精英。

（2）10%的人，他们的短期目标不断地实现，成为各个领域中的专业人士，大都生活在社会的中上层。

（3）60%的人，他们安稳地生活与工作，但都没有什么特别的成绩，几乎都生活在社会的中下层。

（4）27%的人，他们的生活没有目标，过得很不如意，并且常常抱怨他人，抱怨社会，抱怨这个"不肯给他们机会"的世界。

2. 明确目标的作用和意义

明确目标是人生启航的第一步，目标给人希望和力量，明确目标的作用和意义就在于：

（1）给人的行为设定明确的方向，使人充分了解自己每一个行为的目的。

（2）使自己知道什么是最重要的事情，有助于合理安排时间。

（3）迫使自己未雨绸缪，把握今天。

（4）使人能清晰地评估每一个行为的进展，正面检讨每一个行为的效率。

（5）使人能把重点从工作本身转移到工作成果上来。

（6）使人在没有得到结果之前，就能"看"到结果，从而产生持续的信心、热情与动力。

3. 合理地确定目标

梦想与目标的差别是：梦想可以非常概括、形象，而目标则必须具体、可以量化。目标是有数学概念的。不能量化的目标，其实不能算是一个目标，充其量不过是一个想法，目标就是量化后的梦想。确定目标时，要充分考虑以下方面的问题：

（1）要合理，不可远远超越能力范围。

（2）要有一个时间期限。没有时间期限的目标等于没有目标。

（3）要明确。如"我要成为一流的设计师"，那么，什么样的设计师才算是一流的呢？

（4）要把目标写在纸上。实践证明，写下自己目标的人比没有写下目标的人更容易成功。

（5）要把目标视觉化。正如《谁动了我的奶酪》这本书中所写的："在我发现奶酪之前，想象我正在享受奶酪，这会帮助我找到新的奶酪。"

（6）要严格执行制订好的计划，每日检查计划的落实情况，并且时常这样问自己："我现在做的事情会使我更接近我的目标吗？"

4. 分解目标十分必要

著名心理学教授史蒂文·里希指出："将目标分解成若干个可以实现的部分，不但能增加立竿见影的效果，而且能减少付出的代价。"

1984 年，在东京国际马拉松邀请赛中，名不见经传的日本选手山田本一出人意料地夺得了世界冠军。日本是个岛国，地形起伏比较大，对马拉松运动员来说，熟悉地形并根据地形做出相应的战术非常重要。当记者采访他时，他告诉了众人这样一个成功的秘诀："我刚开始参加比赛时，总是把我的目标定在 42.195 公里处终点线上的那面旗帜上，结果我跑到十几公里时就疲惫不堪了，我被前面那段遥远的路程给吓倒了。后来，我改变了做法。每次比赛之前，我都要乘车把比赛的路线仔细地看一遍，并把沿线比较醒目的标志画下来，如第一个标志是银行、第二个标志是一棵大树、第三个标志是一座红房子……这样一直画到赛程的终点。比赛开始后，我就根据已经制定好的战术向第一个目标冲去，等到达一个目标后，我又以同样的方法向第二个目标冲去。42.195 公里的赛程就这样被我分解成这么几个小目标轻松地跑完了。"

山田本一的话令人深思。看来，辉煌的人生不会一蹴而就，它是由一个个并不起眼的小目标的实现堆砌起来的。把目标化整为零，用一个个小的胜利赢得最后的大胜利。

2.2.2　学会学习

1. 学会学习是大学里最重要的一课

"未来的文盲不再是不识字的人，而是没有学会学习的人。"这是国际 21 世纪教育委员会雅克·德洛尔的一段话。他指出："学会学习、转变学习方式是作为现代人必备的素质。"

大学期间最重要的是学会自学。权威机构的调查结果表明，每人一生中所用到的知识只有不到 20％来自大学学习。我们正处在一个知识爆炸的时代，知识的更新速度很快，技术的发展速度很快，要在未来适应社会发展和技术进步的需要，就必须要有很强的学习能力。

在书法界有一个关于如何才能成为书法大师的说法。书道有三："一曰富天才，二曰明法则，三曰深工夫。"天才不富则妙境难臻，法则不明则门径莫睹，功力不深则进步非易。天才受乎天，培之以学问而愈富；功力存乎己，持之以精勤而始深；法则不然，习则得之，不习则弗得。

对于选择机器人工程的学子而言，能进入高等学府就是对其天赋的肯定，并且随着学问的增长，天赋也会进一步展现。重要的是找到一种适合自己的学习方法，养成良好的学习习惯，并孜孜以求，不懈努力。

2. 学习需要规划和总结

学习方法要因人而异，学习效果的好坏在很大程度上取决于能否找到因学科而异、符合自己的个性特点、适合自己的学习方法。书山有路勤为径，再聪明的人，再好的学习方法，也都需要自己的勤奋和努力。勤奋好学、专心致志、认真思考、养成良好的习惯将使你终身受益。

做好规划，善于总结是找到适合自己的学习方法的必由之路。上到国家主席，下到车间的班组长，他们在一定的时间都会思考这样的问题，即"目前的形势和今后的任务"，学习也是如此。

　　做任何事都要有计划，要学会自己管理自己，这样做事就能够有条不紊，同时也是可以锻炼个人能力、培养自己的素质。任何计划的执行都需要总结，通过总结过去，可以发现不足，加以改进，不断地调整自己。

3. 实践的重要性

　　《高等教育法》明文规定："高等教育的任务是培养具有创新精神和实践能力的高级专门人才"，"本科教育应当使学生比较系统地掌握本学科、本专业必需的基础理论、基本知识，掌握本专业必要的基本技能、方法和相关知识，具有从事本专业实际工作和研究工作的初步能力"。大学生在校期间的能力培养，基本技能、方法和相关知识的训练就是靠实践教学来保证的。

　　哈尔滨工业大学是国内最著名的工科院校之一，其校训就是"规格严格，功夫到家"。要想功夫到家，光靠理论知识的学习是不够的，实践非常重要。

　　机器人工程是一个工科专业，对实践的要求更高。机器人工程实践教学环节主要包括课程教学中的实验课、机器人基础实验、机器人综合实验、专业课程设计、金工实习、生产实习、毕业实习和毕业设计等。一些大学还通过开展创新设计大赛等来丰富机器人工程专业的实践教学内容。

　　作为机器人工程专业的学生必须重视实践，实践的好处如下：

　　(1) 可以更好地理解课堂上所学的理论知识；

　　(2) 可以使课程学习更具目的性；

　　(3) 可以培养分析问题和解决问题的能力；

　　(4) 有助于培养工程意识，锻炼工程能力。

2.2.3　创新意识与能力的培养

　　国家的强盛需要创意创新，企业的发展需要创意创新，个人的成功也需要创意创新。创意创新无论对于国家、集体还是个人都是一件好事。既然如此，那我们为什么不积极为之呢？

1. 有问题就有机会

　　你该庆幸自己有问题。然而，许多人不愿意迎接并解决问题，这会使我们的生活更令人厌烦。有创造力的人把复杂问题当成转机，我们都应该欢迎生活中的问题，借着解决问题得到更多满足的机会。你如何看待日复一日的问题，是不是总认为这些大而且复杂的问题非常讨厌？但最重要的是：问题越大，挑战也越大，解决问题时所能得到的满足就越大。

　　有创造力的人接受问题，就像欢迎一个带来更大满足的良机。当你碰到一个大问题的时候，如果有自信，就会感觉很好，因为你又有一个机会来测验自己的创造力：遭遇任何问题，都是激发创意的大好机会。

2. 创新不能害怕失败

　　一方面，人一心一意想要成功；另一方面，这个社会大部分的成员都害怕失败，而且极力地逃避失败。既想成功又想逃避失败，这实在是挺矛盾的。失败是登上成功必经的阶梯，在经历成功之前，都可能经历许多失败。迈向成功的路几乎完全是由一次又一次的失败铺起来的。然而，许多人却不计代价地想要逃避失败。这种对失败的恐惧与其他的恐惧是相伴相生的。例如，害怕当傻瓜，害怕被批评，害怕失去团体的尊敬，以及害怕失去经济上的保障。逃避失败就是逃避成功。

许多人都在避免冒险，因为他们害怕万一失败就会出丑。我们太想得到别人的肯定与喜爱，以致不愿意做一些会在别人面前出丑的事。逃避风险成了一种常态，这十分不利于创造力和活力。如果想要变得有创造力，并且活得淋漓尽致，我们一定不能害怕失败。

3. 好奇心是创造性思考的开始

现在，让我们换一个角度来看，假设正如你自己所言，你缺乏创造力，但是你总不至于认为自己连一点想象力也没有吧！因为每一个人都具有想象力，而想象力正是创造力的泉源。想象力丰富的人，好奇心会比别人强一倍。好奇心强烈的人，不但对于吸收新知识具有高度的热忱，并且经常搜寻处理事物的新方法。一个人如果没有了好奇心，就不可能花心思研究新事物，只是遵循前人的步伐原地踏步而已，更不会创造出惊人的成就了。

4. 相信自己、积极向上

不可妄自菲薄，认为自己缺乏创造力而畏缩。创造力的第一步，便是要坚信自己与生俱来的创造力，对于自己的能力深信不疑。"有志者，事竟成。"这是创造性思考的根本。成功的创意者面对现状与问题，总是以积极明朗的观点解决。对他们而言，杯子里有半杯水是"还有半杯"，而不是"只有半杯"。你说地球像沙漠，那是因为你心中没有绿洲，做一个绿色的梦吧，才会有金色的秋。

5. 凡事都有改进的余地

传统的想法是创造性计划的头号敌人。传统的想法会冻结你的心灵，阻碍你的进步，干扰你发展你真正需要的创造能力。要乐于接受各种创意。不要轻易得出"不可行""办不到""没有用""那很愚蠢"的结论。要有实践精神，实践出真知，没有实践而只有创意，那只能是空想。要主动前进，而不是被动后退。成功的人喜欢问："怎样做才能做得更好?"想一想，如果公司的经理总想："今年我们的产品产量已达极限，进步改进是不可能的。因此，所有工程技术的实验和设计活动都将永久性地停止。"以这种态度进行管理，即使是强大的公司也会很快衰败。成功的人就像成功的企业一样，他也总是带着问题而生存的。"怎么才能改进我的表现呢?""我如何能做得更好?"做任何事情，总有改进的余地，成功者能认识到这点，因此他总在探索一条更好的道路。

以精良生产为代表的先进制造模式，其很重要的一个思想就是凡事都有改进的余地，企业和个人都需要不断进步。美国通用电气公司一直使用这样一个口号来激励员工：进步本身就是公司最重要的一项产品。

6. 创意创新在于不断发问

所谓思考，就是对许多问题寻求答案的一种思维活动。而所谓用自己的大脑思考，就是自己提出问题并寻求答案。只有当我们自己提出问题时，才能以自己的眼睛去观察事物。从看中得到知识，却不对之产生任何疑问，不能称为"用自己的眼睛"去看。怀疑是通向一切新真理的桥梁。如果我们打算继续依靠他人而过我们的生活，这是十分容易的，不但如此，即使我们不想如此做，稍作注意，我们也会发现我们周围已充斥着大量来自他人的信息。商业广告为其之最，所有的商品，都随着为能使我们的生活更丰富的宣传，而呈现在我们面前。一种不需要我们自己思考的生活，似乎正在前方召唤着，如果因此就能过着幸福的生活，一切就没有问题了。但这会使我们的大脑越来越懒，越来越害怕思考，越来越害怕面对问题。当有一天我们真正面临问题时，就不知道从何着手，不了解该怎么做，没有办法进行。而事实上改进的方法只有一个，那就是尝试自己向自己发问。一边环顾周围，一边针对一些看似理所当然的事开始自问，我为什么要活下去？对我而言什么是最重要的？什么能使我欢愉？何谓生存？生活与人生又是什么？什么叫工作？时间为何？生命的意义何在？什么叫个性？什么是什么……在这些问题中，我们会发现，我们不了解原来自己以为明白的事物。而当我们开始意识到自己的"不知"时，就会重新想"知道"。此时，最重要的是尝试用自己的头脑去思考、用自己的话去归纳。生命的意义，就在于有疑问，并且能回答它。

7. 有不满就要设法改变

人们常说，知足者常乐，但不知足才能上进。事实上，我们经常会对周围的生活和工作状况不满，但通常又得过且过。有不满就要设法改变，这样才会有创意创新。从一定意义上说，不满是活力的源泉，不满是发明和进步的原动力之一。有不满就要设法发现问题的所在，寻求解决的方案。要能够从集中思考到扩散思考。发现问题点，再把问题点集中的思考方法，叫做集中思考；相反地，在很充裕的时间里，慢慢地从各方面各角度去假想，寻找解决的办法，就叫做扩散思考。

8. 资料和问题意识是灵感的基础

创意创新需要灵感，但灵感不是凭空想象出来的，因此它必须先有资料和问题的意识，来作为灵感的基础。灵感不是偶然产生出来的，一个人常常会突然想到某个主意后去行动，结果对自己以后的人生产生极大的影响。其实这种突然想到的事，并不是偶然产生的，而是和那个人过去的人生因果关系有关联。所以，这可以说是必然会产生出来的。因此，研究某一种问题时，必定要收集有关的资料，这些资料并不只限于书籍或杂志上的文字，丰富的资料通常来自亲眼所见、亲耳所闻、亲身经历，这三者最为珍贵。但是，不仅要收集，还要用心去选择和寻找，资料才会更多、更精，更有助于解决问题。收集资料应有一个问题意识，以此问题为核心，广征博引，不但会产生灵感，而且还可收到事半功倍之效。

9. 兴趣影响灵感

通常，人们对自己感兴趣的事物，都会产生"要表现得更好"的意念，反之，对讨厌的事情，则犹恐避之不及。因此，从事一件讨厌的工作，获得的灵感几乎为零，而解决一个很感兴趣的问题，则灵感会源源不断地涌现。若常去思考某件令人讨厌的事情，就可能发生一些负面的生理反应，甚至妨害身体健康。因此，人类与生俱来的生命力会对本身之喜恶加以控制，当急需要把讨厌的事情排除时，表现在身体外部的就是一种为刺激而反应的力量。当做自己感兴趣的事情时，体内的血压和荷尔蒙的分泌会很均衡正常，这是生命力的作用，会促使产生好的印象。思考自己喜欢的问题，即使不能立刻寻到答案，也会在睡梦中继续不厌倦地思考。因此干一行爱一行很重要。

2.2.4　抓住机遇与创造机会

有句话说得好："弱者等待机会,智者抓住机遇,强者创造机遇"。每个人一生中都会遇到许多机遇,机遇是造就一个人成功的重要因素。能力强、综合素质高的人善于抓住并充分利用机遇,具有高度智慧的人更善于创造机遇。

1. 抓住机遇

抓住机遇应该具备以下基本素质。

(1) 对科学技术的敏锐直觉和洞察力,善于在复杂情况下发现机遇。这是创新人才培养中最重要的问题。许多优秀的大学生,他们上学时成绩很好,但后来有人成就很高,有人却一事无成。他们的一个关键区别在于面对新出现的复杂局面时能否发现机遇。这种素质难以从课堂和书本上得到,需要通过现实环境的影响和实践来培养。

(2) 做好机遇来临的准备。随时在心理、知识上做好准备,而不至于在机遇到来的时候束手无策。大学生要尽可能锻炼出很强的创新能力,在年轻时就尽可能地了解各种知识,培养各方面的能力。只有这样,在机遇突然出现时,才有足够的能力去抓住它。

(3) 要从小事做起,认真做好每一件事。也许你身边的一件不起眼的小事就是一个潜在的机遇,它可能是突然地、不知不觉地出现,然后又悄悄地溜走。如果你始终在等待所谓的大事业,总是忽略不起眼的小课题,则有可能一辈子也发现不了机遇。

(4) 机遇一旦出现,要全力以赴地抓住它。俗话说:"机不可失,时不再来。"人生有好多机会都稍纵即逝,如果不抓住眼前的机遇,而无休止地期待下次想象中的更好的机遇,那这一生中所有机遇对你而言都不是机遇了。

2. 创造机遇

抓住机遇还是被动的,善于抓住机遇的人是会创造机遇的。

人要善于创造机遇,要得到原本不属于自己的机遇,就需要具备良好的心理素质,要学会做人,要善于与人相处,要找到那种适合自己、机遇多的岗位和处所。要创造和抓住机遇,做一个成功的人,需要具备三个素质:

(1) 有肚量去容忍那些不能改变的事;

(2) 有勇气去改变那些可能改变的事;

(3) 有智慧去区别上述两件事。

学会创造机遇并抓住机遇,只是成功的开端,要想真正走向成功,还必须明确一个方向并坚持下去。找到自己喜欢的方向,就尽心地把它做好。有的人之所以失败,是因为他轻易地放弃了。但问题并不能到此为止,还得往深处想。因为"喜欢"易,而"做好"则难;"放弃"易,而"坚守"则难。许多人喜爱不断寻找新的定位,或者找到定位后却半途而废,难以坚持到底,结果一生都找不到自己的定位,无法成功。

拓展阅读(一):控制工程专家钱学森　　　拓展阅读(二):煤炭安全智能精准开采专家袁亮

2.3　人文与机器人工程

2.3.1　"李约瑟问题"引发的思考

英国著名科学家、英国皇家学会会员（FRS）、英国学术院院士（FBA）、中国科技史大师李约瑟博士撰写了《中国科学技术史》。李约瑟提出了耐人寻味的问题："为什么在公元前 1 世纪到公元 16 世纪，古代中国人在科学和技术方面的发达程度远远超过同时期的欧洲？中国的政教分离、选拔制度、私塾教育和诸子百家为何没有在同期的欧洲产生？为什么近代科学没有产生在中国，而是在 17 世纪的西方，特别是文艺复兴之后的欧洲？"这就是著名的"李约瑟问题"。它犹如科学王国一道复杂的"高次方程"摆在了世人面前。

明朝以前，世界上的重要发明和重大科学成就大约 300 项，其中中国约 175 项，东汉张衡提出地球是圆的，比欧洲早 1000 多年；元代郭守敬创制的一种测量天体位置的简仪，比欧洲同类发明早 300 多年；南朝祖冲之将圆周率精确到小数点后面七位，比世界领先 1000 多年。据有关资料显示，从公元 6 世纪到 17 世纪初，在世界重大科技成果中，中国所占的比例一直在 54% 以上。然而 17 世纪中叶之后，中国的科学技术发展却江河日下，跌入窘境。而到了 19 世纪，降为只占 0.4%。这说明虽然在农业社会里我国是非常先进的国家，但由于种种原因，我国采取闭关锁国的方针，不接受、不参与第一次、第二次工业革命，所以，我们经历了从繁荣昌盛到落后挨打的时期。

16 世纪以来，世界科学中心从意大利转移到英国，再从英国转移到法国、德国，一直到 20 世纪初转移到美国。可以看到，同时期世界科学中心所在国的文化也空前繁荣，无论是意大利的文艺复兴时期理性思维的哲学传统，还是当今美国强调独立自由的人权思想和富于现代精神的民主政治观念，都对科技的发展起到了积极的促进作用。

针对"李约瑟问题"，许多学者进行了思考与分析。出现这样的问题，应该与诸多因素有关。但不可否认的是中国近代的文化方面的"缺陷"，改革开放之前的文化思想的混乱和现在人文教育方面的缺失是其中的一个很重要的方面。

中国古代文明和领先于世界的科技成就，同样得益于中国古代的文化和哲学思想。传统文化是中国文化之根，传统文化是中华民族之魂，传统文化是中国特色之源。我们有必要批判继承、古为今用。1988 年 1 月，75 位诺贝尔奖得主聚会巴黎，发表了宣言，宣言的第一句话就是："如果人类要在 21 世纪生存下去，必须回首 2500 年，去吸收孔子的智慧。"1992 年，在纪念孔子诞辰 2543 周年之际，美国前总统布什在贺词中指出："孔子所树立的道德规范，为世界各地所肯定及奉行，在我国一些最迫切的问题源于家庭生活及家庭价值崩溃的此时，我们应该实践这位伟大哲学家对个人荣誉和家庭责任的教诲。"

2.3.2　人文与科学的交融是时代发展的必然

人文是指区别于自然现象及其规律的人与社会的事物，其核心是贯穿在人们的思维与言行中的信仰、理想、道德、价值取向和人格模式。人文教育可以启迪人们的思维、培养人格与情感、孕育创新能力。人文文化与科学文化的交融是时代发展的必然趋势。

爱因斯坦说过，知识是有限的，而艺术开拓人的想象力是无限的，很多的物理定律、数学公式都是科学从纷繁杂乱、变化莫测的现象中发掘、提炼、抽象得到简洁、对称、有序和完整的表达式。这里面有科学的艰辛,也有艺术和美的想象。体现了人类审美与自然的和谐。例如,牛顿的运动方程、麦克斯韦方程和爱因斯坦的狭义与广义相对论方程等,都是几个世纪实验工作的结晶,是艺术和美的创造,达到了科学研究的最高境界。他们以极度浓缩的数学语言勾勒出物理的基本结构,体现了创造者深厚的人文修养。

　　科学技术是一把双刃剑,它给人类带来积极作用,但也可能带来负面影响。只有健全发展的人才能用自己高尚的情感和意志去驾驭科学技术,让技术知识充分为人类服务。

　　人文与科学教育的结合还体现在科学认识的方法上。人文教育比较强调形象思维,而自然科学则更强调逻辑思维,但科学的认识方法同样也需要形象。量子力学理论就不是完全靠严格的逻辑推理发展起来的,它依靠了科学的直觉。科学与人文教育的结合,既体现了科学知识的力量,也依靠了哲学等人文观的启迪、孕育和总结。

2.4　人文科学与科技人才

2.4.1　理工科学生也需要人文科学的滋养

　　对国家的发展而言,哲学、社会科学的力量与自然科学的力量同等巨大,对个人的成长而言,人文与科学同样重要。

　　历史和现实的经验反复表明,除了其他的社会原因,一个人在自己的发展过程中,如果只注重某一种素质的培养,而忽视另一种素质的培养,那么即使他在自己所从事的专业领域内能取得某些成就,但在世界观的问题上仍可能出现问题。中国科学院院士杨叔子在《时代发展的趋势:科学与人文的交融》中指出,一个国家的文化,同科技创新有着相互促进、相互激荡的密切关系,创新文化孕育创新事业,创新事业激励创新文化。无独有偶,有一次温家宝去看望钱学森,谈到科研创新,钱学森说:"你说的我都很赞成,但有一点,我们的大学教育为什么培养不出杰出的人才?"他含蓄地说:"应该让学科学的学点艺术,一个有科学创新能力的人,应该有艺术素养。"如果一个科学家的眼界仅局限于一隅,缺乏艺术性的想象空间,即使专业知识掌握得再好,也无非是"工具"罢了,很难成为大家。不难看出,就培养"全面发展的人"所起的作用来看,两种科学素质同等重要,不可偏废。尤其是近年来,随着"大科学"概念的提出并逐渐为社会所接受,自然科学研究方法与哲学、社会科学研究方法之间的界限逐渐模糊,出现了一种互相渗透、互相补充的倾向。

　　人文和自然、科技、思想,最终是统一的,没有任何伟大科学家是单向度的。科技与人文的统一的生理基础是人脑功能定位的互补统一。大脑两半球分别主管理性与情感,又相互联结协调。两半球只有均衡发展、综合使用,大脑总效率才能成倍增长。例如,音乐就具有调节两半球的功能。开普勒、牛顿、普朗克、爱因斯坦等科学大师都是音乐爱好者。

2.4.2　工程师要有哲学思维

　　《中国工程科学》2007年08期刊登了中国工程院院长徐匡迪的文章——《工程师要有哲学思维》,这是为《工程哲学》一书所作的序言,文章中很好地解释了为什么工程师更有哲学思维。以下是该文章的节选。

　　我以为工程是人类的一项创造性的实践活动，是人类为了改善自身生存、生活条件，并根据当时对自然规律的认识，而进行的一项物化劳动的过程，它应早于科学，并成为科学诞生的一个源头。工程绝不是单一学科的理论知识的运用，而是一项复杂的综合实践过程，它具有巨大的包容性和与时俱进的创新性特点，只要看一只简单的电子手表或一艘复杂的载人航天飞船就可得知，虽然其大小、价值差异极大，却都包含有力学、材料学、机械学、信息学等多学科的集成。所以说"工程科学技术在推动人类文明的进步中一直起着发动机的作用"。

　　既然工程所面对的任务，是改善人类生存的物质条件，是要从原始社会人类直接取得自然赐予的状态（野果、野兽、树巢、洞穴）变为使自然物质（种）通过工程来造物，从而更有效地加以利用。如将矿石冶炼为金属，来制成工具和器皿；通过选育良种、驯化家禽，以提高农牧业产量；不断改进修路架桥、楼宇建筑的水平，改善行与住的条件等。因为要造物就要了解客观世界，就有一个如何处理人与自然关系的哲学问题，中国古代道家具有朴素的天人合一、"尊重自然"的哲学思想，许多伟大的工程之所以历经数千年而不朽，究其原因，乃是尊重自然规律的结果。其中一个杰出的代表是两千多年前李冰父子所筑的都江堰水利工程，它采用江中卵石垒成倾斜的堰滩，在鲤鱼嘴将山区倾泻下来的江水分流，冬春枯水时，导岷江水经深水河道，过宝瓶口灌溉成都平原的数百万亩良田，汛期丰水时，大水漫过堰滩从另一侧宽而浅的河道流入长江，使农田免遭洪涝之苦。其因势利导构思之巧妙，就地取材施工之便宜，水资源充分利用之合理，至今仍令中外水利专家赞叹不已，可以说是大禹治水以来，采用疏导与防堵相辅相成、辩证统一的典范，亦是中国古代工程哲学思维成功的案例之一。

　　作为现代工程技术人员，在考虑"造物"过程时，即物质生产过程的效率、质量、产品综合竞争力（新颖性、实用性、舒适性、性价比等）的同时，必须要考虑这一过程的环境影响及产品全生命周期的环境友好程度。总之，工程师必须要树立生态文明的现代工程意识。

　　除此以外，工程还必须和社会、文化相和谐。这一点可追溯到工程的源头和起点，既然工程的出现是为了满足人类的更好生存、生活的意愿，理所当然，它应该和不同地域条件、各种文化习惯及当地人民的生活爱好相吻合。只要看一看中国各地的民居，就可得到佐证。

　　缺乏对工程师进行所造之物必须适应所处环境、地域，应该和周边文化氛围相协调的教育。既没有培养系统的工程思维方法，又缺乏工程哲学的思辨能力，这样的工程师所进行的物质文明建设往往会与生态文明和社会、人文传统背道而驰，迟早会成为被历史抛弃的"败笔"，造成资源的与社会财富的浪费。

　　就工程自身而言，更是充满了矛盾，一个好的工程设计与工艺开发必须处理好对立统一的辩证哲学关系：如冶金工程的氧化与还原过程；机械运动中的动力与摩擦阻力；土木建筑、构筑物的动与静；各种工程构件所受的载荷与应力等，不一而足。

　　一项好的工程设计，或常说的优化设计，从本质上讲就是处理好了设计对象所处环境中的对立统一的关系，分清了事物的本与末，抓住了现象的源和流，从而达到兴利除弊的合理状态。当然，有了好的工程设计，并不一定能保证工程产品就是质优、价廉、长寿、节能的，它还需要好的工程施工（或制造工艺）、工程管理、工程服务来加以保证，这里面亦有许多哲学问题，总之，整个工程系统都需要运用哲学思维来分析、统筹、综合，以达到尽可能接近事物的客观规律，努力与周边环境的生态、与社会和谐相处。

反观人类历史进程，哲学总是在人类社会面临巨大困惑及冲突的时期和环节中得以诞生与发展的，因此我们有理由相信工程哲学是 21 世纪应运而生的产物，它将使工程界自觉地用哲学思维，来更好地解决工程难题，促进工程与人文、社会、生态之间和谐，为构建和谐社会做出应有的贡献！

第 3 章　机器人工程专业的课程体系与课程设置

3.1　机器人工程专业课程体系

专业是高等学校根据社会分工需要而划分的学业门类。随着社会的发展和科技的进步，每个专业都拥有自己的历史渊源，有自己的问题和研究问题的词汇和方法。因此，当我们进入高等院校学习时，不仅要尽快融入学习的大环境中，还应尽快融入所学专业的文化氛围中。高等学校的各个专业都有自己的培养目标和教学计划，以体现本专业的培养方向和教学要求。教学计划包含了为实现培养目标而需要学习的各个方面的课程安排，这些课程看似内容庞杂，但是循序渐进、环环相扣。有的同学在学基础课时会问：我们为什么学这门课，这门课和专业有什么关系？如果不明确做一件事的目的，那么就会找不着方向、抓不住要害，甚至提不起兴趣。而课程体系是指同一专业不同课程按照门类顺序排列，是教学内容和进程的总和，课程门类排列顺序决定了学生通过学习将获得怎样的知识结构。课程体系是育人活动的指导思想，是培养目标的具体化和依托，它规定了培养目标实施的规划方案。课程体系主要由特定的课程观、课程目标、课程内容、课程结构和课程活动方式所组成，其中课程观起着主宰作用。课程体系是人才培养方案的核心要素，所以，课程体系是人才培养核心中的核心。

高校按照机器人工程专业知识体系，通过构建由通识教育课、学科基础教育课、专业教育课和实践教育课组成的机器人工程专业课程体系，加强学生理论应用能力、实践动手能力、持续创新能力和创新精神的培养。

课程是高等学校教学工作的基本单元。课程体系是将人类通过实践所积累的知识经过选择和组织而形成的供传授用的课程的总和。由课程组成的课程体系是国家教育方针和学校办学思想的反映，是在人才培养目标的指导下制定的，既是教育思想和高校人才培养质量的综合反映，又是高校为学生构建知识、能力、素质结构的具体体现。

课程体系是教学计划的主要内容，是教学工作的重要环节，有如工程设计的蓝图。它也反映了学校的办学特点。说到底，课程体系就是在大学里设置哪些课程。根据大学课程的性质，我国通常将其分为通识教育课程、学科基础教育课程和专业教育课程，还根据选课的形式分为必修课、限定选修课和任意选修课。课程体系关注的主要问题是在大学四年时间内各类课程如何组成、各占多大的比例。

随着高等教育逐渐走向大众化，大学的类型越来越多，多样化的高等教育已经形成，因而课程体系的理论也趋于多样化。尽管每一所高校都可以有自己的课程体系，但一所高校的课程体系总是与学校的类型定位密切相关。所以，一所高校首先必须明确自己的定位。

在明确了定位的前提下，就可以讨论当代课程体系理论和类型问题。当代课程体系理论的核心观点在于，不同类型的高校应有最适合其办学目标的课程体系。

　　对于综合性研究型高校，由于其办学目标是培养研究型人才，因此注重学生的基础，而并不十分重视学生的专业。在其课程体系中，通识教育课程、学科基础教育课程和专业教育课程的比重为：通识教育课程最高，学科基础教育课程次之，专业教育课程最低。这种课程体系犹如一座金字塔，用大写字母"A"表示，称为"A 型课程体系"，其中间的一横代表学科基础教育课程，也称"学科基础平台"：底下的两个小横线分别代表科学基础和人文基础，二者共同代表通识教育课程，也称为"通识基础平台"；顶端代表专业教育课程。

　　对于教学型高校，由于其办学目标是培养应用型人才，因此比较注重学生的专业教育课程，基础则以够用为度。在其课程体系中，通识教育课程、学科基础教育课程和专业教育课程的比重相差无几。这种课程体系犹如一根柱子，用大写的英文字母"I"表示，称为"I 型课程体系"。

　　对于职业学校和某些以职业为对象的专业，因其培养目标是职业型应用人才，所以更注重专业课程和职业技能。在这类学校和专业的课程体系中，专业教育课程的比重最高。这种课程体系犹如一把叉子，用大写的英文字母"Y"表示，称为"Y 型课程体系"。

　　本书所介绍的课程体系主要针对教学研究型高校。

3.1.1　机器人工程技术专业课程体系简介

　　机器人工程专业的教学体系由理论教学和集中实践教育(含第二课堂)组成。理论教学的课程体系由通识教育课程、学科基础教育课程和专业教育课程组成。

　　课程体系关注的主要问题是在大学四年时间内各类课程如何组成、各占多大的比例，反映了学校在人才培养工作上的指导思想和整体思路，也是学校组织教学活动和从事教学管理的主要依据，对人才培养质量的提高具有重要的指导作用。

　　高校的课程体系应力求反映时代特点，体现现代教育理念，吸收近年来教育教学改革的最新成果，并充分体现有利于德、智、体全面发展，有利于人文素质和科学素质提高，有利于创新精神和实践能力培养的原则，在深刻领会教育部《关于加强高等学校本科教学工作提高教学质量的若干意见》和《普通高等学校本科教学工作水平评估方案》的精神实质和内涵的基础上，我们根据已确定的机器人工程专业培养规格与知识体系，构建出本专业的课程体系。

　　课程体系由通识教育模块、学科基础教育模块、专业教育模块、实践教育模块、第二课堂等课程构成，体现"五育并举"("4+1+2+X"课程体系)。课程设置围绕学生政治思想品德、知识、能力和素质的提升，符合《普通高等学校本科专业类教学质量国家标准》和专业认证(评估)要求。每门课程均能有效支撑"毕业要求"，进而达成专业人才培养目标。为达到知识、能力、素质协调发展的综合培养目标，本专业的课程体系中理论教学部分由通识教育模块、学科基础教育模块和专业教育模块三大部分组成。具体的课程体系如表 3-1 所示。

表 3－1　机器人工程专业人才培养方案课程体系

课程类别		课程性质	学时	学分	学期学分分配表								学分比例
					1	2	3	4	5	6	7	8	
理论教学	通识教育模块	必修	1168	64	18.33	19.33	16.33	2.33	1.33	2.33			35.36%
		选修	208	8	2.5			2.5	3				4.42%
	学科基础教育模块	必修	480	26.5	4	3.5	11	8.5	3				14.64%
		选修（最低）	48	3				1		1	1		1.66%
	专业教育模块	必修	376	23	1			3	9	6.5	4		12.71%
		选修（最低）	240	15		1.5			4	5	4.5		8.29%
实践教学	实践教育模块（含第二课堂课程）	必修		41.5	3.33	3.75	2.75	9	1.33	6.33	3	12	22.93%
合计			181		29.16	28.08	30.08	26.33	21.66	21.16	12.5	12	100.00%
最低毕业学分		175＋6											

注：此表为 2020 年安徽理工大学机器人工程专业培养计划，表中理论教学含附设的实验、上机实践教学学分。

3.1.2　通识教育模块课程

　　通识教育模块课程的课程体系和教学内容由学校统一制定，面向全校学生开设。课程体系设置包括思想政治教育类、体育类、美育类、劳动教育、大学生心理健康教育、军事类、中国传统文化、外国语言类、大学数学类、大学物理类、计算思维与程序设计类、精准智能开采、创新创业类、就业与职业发展指导类，以及其他通识教育选修类课程等，以加强学生的科学基础、专业理论基础和基本技能训练，培养基础扎实、适应性强的人才。通识教育所含课程、学分及考核方式如表 3－2 所示。

表 3-2　通识教育课程

课程性质	课程编号	课程名称 （中英文对照）	考核方式	学分	课内学时	实践学时	总学时	建议修读学期	备注
必 修	2401001110	马克思主义基本原理概论 Basic Principles of Marxism	○	2.5	40	16	56	1	
	2403001110	中国近现代史纲要 An Outline of Modern and Contemporary Chinese History	○	2.5	40	16	56	2	
	2404001110	思想道德修养与法律基础 Ideological and Moral Cultivation and Legal Basis	○	2.5	40	16	56		
	2402001111	毛泽东思想和中国特色社会主义理论体系概论（一） Introduction to Mao Zedong Thought and the Theoretical System of Socialism with Chinese Characteristics(1)	○	2.5	40		40	3	
	2402001112	毛泽东思想和中国特色社会主义理论体系概论（二） Introduction to Mao Zedong Thought and the Theoretical System of Socialism with Chinese Characteristics (2)	○	2	32	16	48	4	
	2405001111	形势与政策（一） Situation & Policy(1)	△	2	10	6	16	1	
	2405001112	形势与政策（二） Situation & Policy(2)			10	6	16	2	
	2405001113	形势与政策（三） Situation & Policy(3)			10	6	16	3	
	2405001114	形势与政策（四） Situation & Policy(4)			10	6	16	4	
	2405001115	形势与政策（五） Situation & Policy(5)			10	6	16	5	
	2405001116	形势与政策（六） Situation & Policy(6)			10	6	16	6	

课程性质	课程编号	课程名称（中英文对照）	考核方式	学分	课内学时	实践学时	总学时	建议修读学期	备注
必修	1401001111	体育（一） Physical Education(1)	○	1	32		32	1	
	1401001112	体育（二） Physical Education(2)	○	1	32		32	2	
	1401001113	体育（三） Physical Education(3)	○	1	32		32	5	
	1401001114	体育（四） Physical Education(4)	○	1	32		32	6	
	2601001110	军事理论 Military Theory	△	1	32		32	1	
	2501101112	劳动教育 Labor Education	△	8		40	48	1—6	
	2501001111	大学生心理健康教育 Mental Health Education of College Students	○	1	16		16	1	
	1701001111	中国传统文化 Chinese Traditional Culture	○	2	32		32	1	
	1103001111	大学英语（一） College English(1)	○	4	64		64	1	
	1103002112	大学英语（二） College English(2)	○	3	48		48	2	
	1103002113	大学英语（三） College English(3)	○	3	48		48	3	
	1301002111	高等数学Ⅰ（上） Advanced Mathematics I-1	○	5.5	88		88	1	
	1301002112	高等数学Ⅰ（下） Advanced Mathematics I-2	○	6	96		96	2	
	1301005110	线性代数 Linear Algebra	○	2.5	40		40	3	
	1301006110	概率论与数理统计 Probability and Mathematical Statistics	○	3	48		48	3	

课程性质	课程编号	课程名称 （中英文对照）	考核方式	学分	课内学时	实践学时	总学时	建议修读学期	备注
必修	1203001111	大学物理Ⅰ（上） College Physics Ⅰ-1	○	4	64		64	2	
	1203001112	大学物理Ⅰ（下） College Physics Ⅰ-2	○	3	48		48	3	
	10849	创新创业 Innovation & Entrepreneurship	△	2	32		32	3	
	2504011110	职业发展（生涯规划）指导 College Students' Career Planning Courses	○	1	16		16	1	
	1601001110	就业指导 Guidance on Employment	○	1	16		16	6	
合　计				60	1068	100	1168		
选修	95128	美学原理 Aesthetic Theory	△	1	32		32	1	至少选修2学分
	95109	艺术鉴赏 Art Appreciation		1	32		32	1	
	95144	戏剧鉴赏 Drama Appreciation		1	32		32	1	
	95145	美术鉴赏 Art Appreciation		1	32		32	1	
	95147	艺术导论 Introduction to Art		1	32		32	1	
		其他美育类课程		1	32		32	1	
	0301050250	精准智能开采 Precise and intelligent mining	△	0.5	8		8	1	必须选修
	1501001250	科技文献检索 Scientific and Technological Literature Retrieval	△	0.5	8		8	4	
		语言类课程（含ESP和 英语提高类课程）	△	2	32		32	4	至少选修5.5学分
		人文社会科学类选修课		1	32		32	5	
		工程技术类选修课		1	32		32	5	
		经济管理类选修课		1	32		32	5	
		其他通识教育选修课程		1	32		32	5	
合　计				8	208		208		

注：考核方式中，"○"为考试，"△"为考核。

3.1.3　学科基础教育模块课程和专业教育模块课程

学科基础教育模块课程主要包括专业基础知识课程、专业导论或兴趣拓展类课程、跨专业的基础知识课程等。学科基础教育必修主要是指专业基础知识和专业导论类课程，选修主要是指兴趣拓展类或跨专业的基础知识类课程。相同主干学科的不同专业，尽可能采用相同的学科基础教育课程，相同或相近课程应统一设置，为学生专业学习奠定坚实的基础。各专业应开出足量的主干学科或相关学科的基础知识类选修课供学生选择，可通过讲座、报告、沙龙等多种形式，注重反映学科前沿。

专业教育模块课程是为实现专业的培养目标而设置的，主要面向专业学生开设，是学生必须学习的该专业的主要理论和专业知识，被视为专业核心课程（或主干课程）。应审视教学内容，对应《普通高等学校本科专业类教学质量国家标准》、专业认证（评估）要求进行课程整合和重构。选修课程是为了进一步拓宽专业知识，满足学生个性化学习需求。专业设置应开出足量的专业选修课供学生选择，课程学分总数量应是规定至少选修学分的 2.5 倍以上。应结合讲座、报告的形式开设新课程，注重反映专业新技术、新标准、新理论、新方法；应结合专业发展定位和人才培养需求，开设一定数量的反映"新工科、新医科、新农科、新文科"建设成果的课程；应体现人才培养的国际化视野，开设 2 门以上双语教学课程或全英文授课课程供学生选修；可规定课程作为学生必须选修，但学分数不得超过专业选修课程至少修满学分总数的 1/2；原则上不得安排实践教学学时，若确属教学内容需要，该课程需规定作为学生必须选修。学科基础教育模块课程和专业教育模块课程、学分及考核方式如表 3 - 3 所示。

表 3 - 3　学科基础教育模块课程和专业教育模块课程

(a)学科基础教育模块课程

课程性质	课程编号	课程名称（中英文对照）	考核方式	学分	课内学时	实践学时	总学时	建议修读学期	备注
必 修	1501001120	CAD 与工程制图 CAD and Engineering Drawing	○	4	56	8	64	1	
	1501002120	三维设计与工程制图 Three-dimension Design and Engineering Drawing	○	3	32	16	48	3	
	1203006120	工程力学Ⅱ Engineering Mechanics Ⅱ	○	5	72	8	80	3	
	0502030120	模拟电子技术 Analog Electronic Technique	○	3	40	8	48	3	
	0502032120	数字电子技术 Digital Electronic Technique	○	3	40	8	48	4	
	1501003120	自动控制原理 Principle of Automatic Control	○	3	44	4	48	5	
	1501004120	机器人机械基础 Mechanical Fundamental of Robotics	○	3.5	50	6	56	4	
	1501005120	单片机原理及应用 Principle and Applications of Single Chip Micro Computer	○	2	28	4	32	4	
	1501006120	高级语言程序设计 High-level language programming	○	3.5	56		56	2	
合　计				30	418	62	480		

课程性质	课程编号	课程名称（中英文对照）	考核方式	学分	课内学时	实践学时	总学时	建议修读学期	备注
选修	1501001260	人工智能概论* Introduction of Artificial Intelligence*	△	1	16		16	7	带"*"为必须选修，至少选修3学分
	1501002260	学科前沿知识讲座（机器人）* Frontier Lecture(Robotics)*	△	1	16		16	4	
	1501003260	机器学习导论* Introduction to Machine Learning*	△	1	16		16	6	
	1501004260	云计算导论 Introduction to Cloud Computing	△	1	16		16	7	
合　　计				3	48		48		

(b) 专业教育模块课程

课程性质	课程编号	课程名称（中英文对照）	考核方式	学分	课内学时	实践学时	总学时	建议修读学期	备注
必修	1501001130	机器人工程专业导论 Introduction to Robotics Engineering	△	1	16		16	1	
	1501002130	机器人 PLC 控制及应用 Control and Application of Robot PLC	○	2	28	4	32	5	
	1501003130	机器人系统建模与仿真 Modeling and Simulation of Robot System	△	2	16	16	32	7	
	1501004130	机器人感知技术 Robot Sensing Technology	○	2	24	8	32	5	
	1501005130	机器人驱动与控制 Robot Driving and Control	△	2	16	16	32	5	
	1501006130	机器人学 Ⅰ Robotics Ⅰ	○	3	32	16	48	4	
	1501007130	机器人学 Ⅱ Robotics Ⅱ	○	3	32	16	48	5	
	1501008130	机器人学 Ⅲ Robotics Ⅲ	○	2.5	32	8	40	6	
	1501009130	机器人操作系统开发与应用 Development and Application of Robot Operating System	○	4	32	32	64	6	
	1501010130	机器人控制系统设计 Design of Robot Control System	△	2	24	8	32	7	
合　　计				23.5	252	124	376		

续表一

课程性质	课程编号	课程名称(中英文对照)	考核方式	学分	课内学时	实践学时	总学时	建议修读学期	备注
选修	1501001270	Python 编程* Python*	△	2	28	4	32	5	带"*"为必须选修,选修模块不少于15学分
	1501002270	应用创造学* Applied Creatology	△	1.5	24	0	24	2	
	1501003270	智能控制概论 Introduction to Intelligent Control*	△	1	16		16	7	
	1501004270	嵌入式系统 Embedded system	△	1.5	20	4	24	5	
	1501005270	电路 CAD Circuit CAD	△	1.5	24		24	5	
	1501006270	VC++程序设计 VC++ Program Designing	△	1	16	16	32	5	
	1501007270	有限元分析与应用* FiniteElement Analysis and Application*	△	1.5	12	12	24	6	
	1501008270	机器人工程专业英语* Robotics Engineering English*	△	1.5	24		24	7	
	1501009270	工业机器人编程及实践 Programming and Practice of Industrial Robot	△	2	16	16	32	6	
	1501010270	工业机器人控制系统设计 Design of Industrial Robot Control System	△	2.5	32	8	40	7	
	1501011270	工业机器人系统集成与应用 Integration and Application of Industrial Robot System	△	3	32	16	48	7	
	1501012270	工业控制网络与现场总线技术 Industrial Control Network and Field Bus Technology	△	2	32		32	7	
	1501013270	机器人机构综合与分析 Synthesis and Analysis of Robot Mechanism	○	2	28	4	32	6	

续表二

课程性质	课程编号	课程名称(中英文对照)	考核方式	学分	课内学时	实践学时	总学时	建议修读学期	备注
选 修	1501014270	矿山装备智能化技术 Mine Equipment Intelligent Technology	△	1.5	20	4	24	7	
	1501015270	移动机器人通信技术 Communication Technology of Mobile Robot	△	1.5	16	8	24	7	
	1501016270	机器视觉与图像处理* Machine Vision and Image Processing*	△	1.5	20	4	24	7	
	1501017270	机器人制造基础* Robot Manufacturing Technology*	○	2	28	4	32	6	
	1501018270	工程材料与材料成型工艺 Engineering materials and Material Forming Technology	△	2	28	4	32	5	
	1501019270	人机工程学(双语)* Ergonomics*	△	1.5	24		24	7	
	1501020270	计算机控制及网络技术 Computer Control and Network Technology	△	2	32		32	7	
	1501021270	状态监测与故障诊断技术 Status Monitoring and Failure Diagnostic Technique	△	2	32		32	7	
	1501022270	微机原理及接口技术 Principle & Interface Technique of Micro-computer	△	2	28	4	32	5	
	1501023270	液压与气压传动* Hydraulic and pneumatic transmission*	○	2	28	4	32	5	
	1501024270	MATLAB语言及应用* Computing Method*	△	1.5	12	12	24	6	
	1501025270	测试信号分析与处理 Test Signal Analysis and Processing	△	2	32		32	6	
合　　计				15					

注:考核方式中,"○"为考试,"△"为考核。

3.1.4　实践教育模块课程(含第二课堂课程)

本专业按照德、智、体全面发展的原则和传授知识、培养能力、提高素质为一体的教学要求,将素质教育和能力培养贯穿于人才培养的全过程,构建理工融合、文理交叉,以工科为背景向非工科专业渗透的、德智体有机结合的培养体系,使学生的思想道德素质、科学文化素质、专业素质、身体心理素质得到提高。具体内容如表 3-4 所示。

实践教育包括通识教育实践、学科基础教育实践和专业教育实践,为专业学生必修。通识教育实践主要是指思想政治教育类、劳动教育、军事技能(军训)、大学物理、计算思维与程序设计类课程实践。学科基础教育实践主要是指学科基础教育课程的实验、实习、实训、设计等实践教学环节。

专业教育实践主要是根据专业人才培养目标的要求设置,包括课程实验、课程设计、各类实习、实训、毕业设计(论文)或专业综合训练等。从培养学生创新意识和实践能力的角度出发,结合自身情况和特点,构建贯穿于教学全过程的实践性教学体系。积极开展实习教学的改革,实习方式逐步从单纯技术性实习向综合性实习转变。提高课程设计的综合性、实践性、完整性、创新性,加强技术规范、技术标准、设计理念、设计方法、工程背景等方面的教育和训练。充分利用现代教育技术和校内外实习基地,把实习、科研活动、综合实训、课程设计与毕业设计(论文)结合起来。毕业设计(论文)选题、资料的收集阅读及开题报告在四年级第一学期完成,以加长综合训练时间,提高毕业设计(论文)质量。

第二课堂课程按照学校统一制定的文件制度执行,主要包括社会责任感类实践、创新创业类实践、素质拓展类实践,全部纳入实践类学分,由校团委负责。

表 3-4　实践教育模块课程(含第二课堂课程)

课程性质	课程编号	课程名称 (中英文对照)	考核方式	学分	课内学时	实践学时	总学时	建议修读学期	备注
通识教育实践	2401001140	思想政治类课程实践	△	2		64	64	2—4	
	1501001140	劳动教育实践	△	2		48	48	1—6	
	2601002140	军事技能(军训) Military Skills (military training)	△	1		2 周	2 周	1	
	1203004141	大学物理实验(上) Experiment of College Physics-1	△	1.5		24	24	2	
	1203004142	大学物理实验(下) Experiment of College Physics-2	△			24	24	3	
	1501002140	高级语言程序设计训练 Advanced Program Design Practice	△	1		1 周	1 周	2	
合　计				7.5					

课程性质	课程编号	课程名称 （中英文对照）	考核方式	学分	课内学时	实践学时	总学时	建议修读学期	备注
学科基础教育实践	1501003140	工程制图实践（机器人） Engineering Drawing Practice	△	1		1周	1周	1	
	0505020140	电子电路实训（实验） Electronic Circuit Training	△	2		2周	2周	4	
合　计				3					
专业教育实践	1501004140	机器人基础实训 Basic Training of Robot	△	2		2周	2周	4	
	1501005140	机器人综合实验 Comprehensive Experiment of Robot	△	2		2周	2周	6	
	1501006140	工程训练 Engineering Training	△	3		3周	3周	4	
	1501007140	生产实习 Production Practice	△	3		3周	3周	6	
	1501008140	机器人专业综合课程设计 Comprehensive Curriculum Design of Robotics Engineering	△	3		3周	3周	7	
	1501009140	毕业实习 Graduation Practice	△	2		2周	2周	8	
	1501010140	毕业设计（论文） Graduation Design(Thesis)	△	10		13周	13周	8	
合　计				25					不含课内实验实践模块

续表二

课程性质	课程编号	课程名称（中英文对照）	考核方式	学分	课内学时	实践学时	总学时	建议修读学期	备注
第二课堂课程	2801015140	社会责任感教育实践 Social Responsibility Education Practice	△	2		80	80	1—6	按照学校相关制度文件执行
	2801016140	创新创业教育实践 Innovation and Entrepreneurship Education Practice	△	2		80	80	1—6	
	2801017140	素质拓展教育实践 Quality Development Education Practice	△	2		80	80	1—6	
合　计				6		240	240		
总　计				41.5					

注：考核方式中，"○"为考试，"△"为考核。

3.2　机器人工程专业课程设置

按照机器人工程专业培养目标和课程体系的要求，我们将本专业 4 年 8 个学期的课程设置和顺序进行编排。课程的设置顺序属于教学计划制订中的内容，各个学校有不同的情况和传统，因而会有不同的考虑，此处给出的设置和顺序仅作为参考。制订的原则是不违背课程的先修要求。

机器人工程专业教学进程计划如表 3-5 所示。

表 3-5　机器人工程专业教学进程计划

学期	理论课程		实践课程
1	马克思主义基本原理概论、形势与政策（一）、体育（一）、军事理论、中国传统文化、大学英语（一）、高等数学 Ⅰ（上）、职业发展（生涯规划）指导、劳动教育、大学生心理健康教育、CAD 与工程制图、机器人工程专业导论	美学原理、艺术鉴赏、戏剧鉴赏、美术鉴赏、艺术导论、其他美育类课程、精准智能开采	劳动教育实践、军事技能（军训）、工程制图实践（机器人）、社会责任感教育实践、创新创业教育实践、素质拓展教育实践
2	中国近现代史纲要、思想道德修养与法律基础、形势与政策（二）、体育（二）、大学英语（二）、高等数学 Ⅰ（下）、大学物理 Ⅰ（上）、劳动教育、高级语言程序设计	应用创造学*	思想政治类课程实践、劳动教育实践、大学物理实验（上）、高级语言程序设计训练、社会责任感教育实践、创新创业教育实践、素质拓展教育实践

学期	理论课程		实践课程
3	毛泽东思想和中国特色社会主义理论体系概论（一）、形势与政策（三）、大学英语（三）、线性代数、大学物理Ⅰ（下）、创新创业、劳动教育、三维设计与工程制图、工程力学Ⅱ、模拟电子技术		思想政治类课程实践、劳动教育实践、大学物理实验（下）、社会责任感教育实践、创新创业教育实践、素质拓展教育实践
4	毛泽东思想和中国特色社会主义理论体系概论（二）、形势与政策（四）、概率论与数理统计、机器人学Ⅰ、劳动教育、数字电子技术、机器人机械基础、单片机原理及应用	科技文献检索、语言类课程（含ESP和英语提高类课程）、学科前沿知识讲座（机器人）*	思想政治类课程实践、劳动教育实践、电子电路实训（实验）、机器人基础实训、工程训练、社会责任感教育实践、创新创业教育实践、素质拓展教育实践
5	形势与政策（五）、体育（三）、机器人PLC控制及应用、机器人感知技术、器人驱动与控制、机器人学Ⅱ、劳动教育、自动控制原理	人文社会科学类选修课、工程技术类选修课、经济管理类选修课、Python编程*、嵌入式系统、电路CAD、VC＋＋程序设计、工程材料与材料成型工艺、微机原理及接口技术、液压与气压传动*	劳动教育实践、社会责任感教育实践、创新创业教育实践、素质拓展教育实践
6	形势与政策（六）、体育（四）、就业指导、机器人学Ⅲ、机器人操作系统开发与应用、劳动教育	机器学习导论*、有限元分析与应用*、工业机器人编程及实践、机器人机构综合与分析、机器人制造基础*、MATLAB语言及应用*、测试信号分析与处理	劳动教育实践、机器人综合实验、生产实习、社会责任感教育实践、创新创业教育实践、素质拓展教育实践
7	机器人系统建模与仿真、机器人控制系统设计	人工智能概论*、云计算导论、智能控制概论、机器人工程专业英语*、人机工程学（双语）*、计算机控制及网络技术、工业机器人控制系统设计、工业机器人系统集成与应用、工业控制网络与现场总线技术、矿山装备智能化技术、移动机器人通信技术、机器视觉与图像处理、状态监测与故障诊断技术	机器人专业综合课程设计
8			毕业实习毕业设计（论文）

图3-1为安徽理工大学机器人工程专业培养方案的课程逻辑关系图。

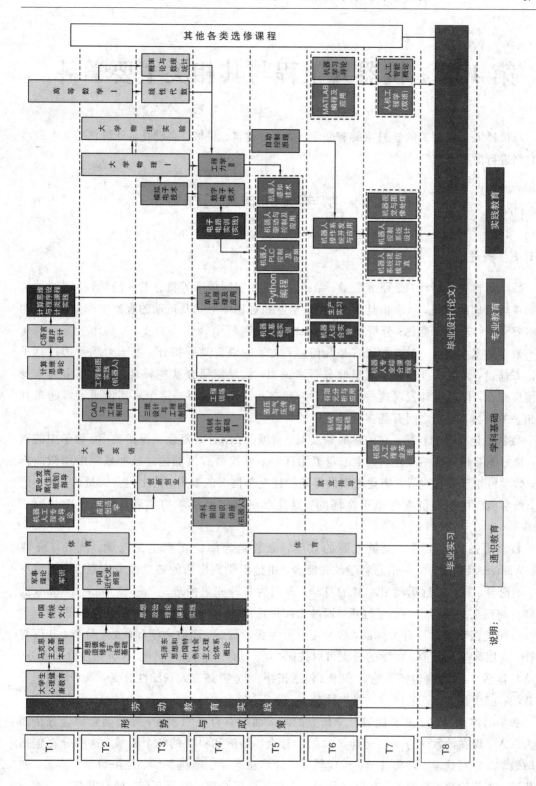

图3-1 安徽理工大学机器人工程专业培养方案的课程逻辑关系图

第4章　机器人工程与其相关主要学科

　　与机器人工程相关的学科主要有数学、力学、材料、机械、自动化、计算机等,本章将对它们进行简要介绍。

4.1　数学与机器人工程

4.1.1　概述

　　数学源自古希腊语,是研究数量、结构、变化和空间模型等概念的一门学科。透过抽象化和逻辑推理的使用,数学由计数、计算、量度和对物体形状及运动的观察中产生。数学的基本要素是:逻辑和直观、分析和推理、共性和个性。

　　数学是基本语言。时空的语言是几何,天文学的语言是微积分,量子力学要透过算子理论来描述,而波动理论则靠傅里叶分析来说明。数学家研究这些科目,最先都由其本身之美所感召,但最后却发现这些科目背后,竟有些共通的特性。这个事实说明了看起来并不相关的科目,它们之间有甚多交缠互倚的地方。

　　数学乃是秩序的科学,它的目的是发现、刻画、了解外观复杂情况的秩序。数学中的概念,恰好能够描述这些秩序。数学家花了几百年来寻找最有效的描述这些秩序的精微曲折处。数学可用于外在世界,毕竟现实世界是种种复杂情况的缩影,其中包含大量的秩序。因此,数学能应用于经济学是毫不奇怪的。好几个诺贝尔经济学得奖者,其工作皆与数学有关。

　　数学是强大的工具。大量重要的数学,原意是为解决工程上的问题。例如,维纳(N. Wiener)及其弟子,是信息科学的先驱者,由他们研究出来的随机微分方程、维纳测度论、熵论等,最终都远远超出本身的范畴,发展为各种先进的理论。例如 Bucy-Kalman 滤子理论在现在的控制论中举足轻重,而冲击波理论则在飞机设计中起着关键的作用。

　　按照美国数学学科分类标准,数学可以分为普通数学、离散数学和代数、分析、几何与拓扑、应用数学及其他。数学的分支可以按照"数""形""结构""变化"等研究性质来划分。在这种体系下,代数(包括数论)、几何(包括拓扑)、分析是三大基础性分支,概率统计、计算数学、应用数学、离散数学是派生性分支。

　　数学的本性决定了它会随着科学研究的需求而拓宽自身的领域,并会随着综合分析而更为深入。现在的数学分支已经涉及我们的社会、生活和科技的各个领域,这些分支包括离散数学、模糊数学、经典数学、近代数学、计算机数学、随机数学、经济数学、算术、初等代数、高等代数、数论、欧几里得几何、非欧几里得几何、解析几何、微分几何、代数几何、射影几何学、几何拓扑学、拓扑学、分形几何、微积分学、实变函数论、概率和统计学、复变函数论、泛函分析、偏微分方程、常微分方程、数理逻辑、模糊数学、运筹学、计算数学、突变理论、数学物理学等。

数学的研究改变了科学发展的航道。举例而言，对傅里叶分析的理解越深入，我们就越能理解波的运动及图像的技巧。反之，现实世界也左右了数学的发展。波运动及其频谱所显示的美，乃是这些科目发展的原动力，这些科且对现代技术及理论科学的影响极其深远。

若没有微积分这种起源于阿基米德的伟大语言，则很难想象牛顿将如何发展古典力学。毫无疑问，法拉第精通电学和磁学。但电磁学的完整理论要归功于麦克斯韦方程。电磁学对光、无线电波和现代科学的研究是极为重要的。在过去的数十年间，我们看到了数论在安全和保密方面的重要应用。解码学依赖大量与因子分解为质数相关的问题。自校正码的发展也依赖代数几何学。几何来源于土地测量及航海，虽然它确实解决了有关的问题，但它的功能远远超出了两者，演变成为时空物理的基石。差不多所有原先为追求纯美而发展的数学分支，都能在现实世界中找到重要的应用。

如今，数学知识和数学思想在工农业生产和人们的日常生活中有极其广泛的应用。例如，人们购物后需记账，以便年终统计查询，去银行办理储蓄业务，查收各住户水电费用等，这些方面应用了算术及统计学知识。此外，社区和机关大院门口的"推拉式自动伸缩门"，运动场跑道直道与弯道的平滑连接，底部不能靠近的建筑物高度的计算，隧道双向作业起点的确定，折扇的设计以及黄金分割等，则是平面几何中直线图形的性质及直角三角形有关知识的应用。古往今来，人类社会都是在不断了解和探究数学的过程中得到发展进步的。数学对推动人类文明起到了举足轻重的作用。

4.1.2　数学建模

1. 数学模型与建模

机器人工程中所遇到的很多实际问题都需要通过数学建模、仿真分析等手段来进行系统的研究与分析。学习数学建模的先修课程主要有：数学分析、高等代数、数值分析、概率论与数理统计等。图 4-1 是数学建模流程图。

数学模型是一种模拟，是用数学符号、数学式、程序、图形等对实际课题本质属性的抽象而又简洁的刻画，它或能解释某些客观现象，或能预测未来的发展规律，或能为控制某一现象的发展提供某种意义下的最优策略或较好策略。数学模型一般并非现实问题的直接翻版，它的建立常常既需要人们对现实问题深入细致的观察和分析，又需要人们灵活巧妙地利用各种数学知识。这种应用知识从实际课题中抽象、提炼出数学模型的过程就称为数学建模。

数学模型是用数学符号对一类实际问题或实际发生的现象的（近似的）描述。数学建模则是获得该模型并对之求解、验证并得到结论的全过程，如图 4-1 所示。

2. 数学建模的作用

不论是用数学方法在科技和生产领域解决实际问题，还是与其他学科相结合形成交叉学科，首要的和关键的一步是建立研究对象的数学模型，并加以计算求解。数学建模和计算机技术在知识经济时代，其重要性更加突显，对科研人员可谓是如虎添翼。

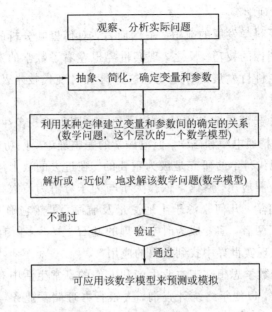

图 4-1　数学建模流程

数学是研究现实世界数量关系和空间形式的科学，在它产生和发展的历史长河中，一直是和各种各样的应用问题紧密相关的。数学的特点不仅在于概念的抽象性、逻辑的严密性、结论的明确性和体系的完整性，而且在于应用的广泛性。20 世纪以来，随着科学技术的迅速发展和计算机的日益普及，人们对各种问题的要求越来越精确，使得数学的应用越来越广泛和深入。特别是在 21 世纪这个知识经济时代，数学科学的地位发生了巨大的变化，它正在从国家经济和科技的背后走到前沿。经济发展的全球化、计算机的迅猛发展、数学理论与方法的不断扩充，使得数学已经成为当代高科技的一个重要组成部分和思想库，数学已经成为一种能够普遍实施的技术。

当应用数学去解决各类实际问题时，建立数学模型是十分关键的一步，同时也是十分困难的一步。建立数学模型的过程，是把错综复杂的实际问题简化、抽象为合理的数学结构的过程。要通过调查、收集数据资料，观察和研究实际对象的固有特征和内在规律，抓住问题的主要矛盾，建立起反映实际问题的数量关系，然后利用数学的理论和方法去分析和解决问题。这就需要深厚扎实的数学基础、敏锐的洞察力和想象力、对实际问题的浓厚兴趣和广博的知识面。数学建模是联系数学与实际问题的桥梁，是数学在各个领域广泛应用的媒介，是数学科学技术转化的主要途径，数学建模在科学技术发展中的重要作用越来越受到数学界和工程界的普遍重视，它已成为现代科技工作者必备的重要能力之一。

3. 数学建模的方法

传统的数学建模方法基本上有两大类，即机理分析建模与实验统计建模。之后又出现了层次分析和定性推理建模方法，而且实验统计建模也有新的发展，产生了具有现代活力的系统辨识建模方法。在上述四大类数学建模方法基础上的具体建模方法，目前已超过数十种，其常见方法有：机理分析法、直接相似法、系统辨识法、回归统计法、概率统计法、量纲分析法、网络图论法、图解法、模糊集论法、蒙特卡洛法、层次分析法、"隔舱"系统法、定性推理法、"灰色"系统法、多分面法、分析/统计法及计算机辅助建模法等。

　　机械系统建模一般采用机理分析、数据分析、仿真等方法。

　　机理分析是从基本物理定律以及系统的结构数据来推导出模型,其中常用的方法有比例分析法、代数方法、逻辑方法、常微分方程、偏微分方程。

　　数据分析是从大量的观测数据中利用统计方法建立数学模型,其中常用的方法有时序分析法、回归分析法。

　　仿真一般指使用计算机仿真(模拟),实质上是统计估计方法,等效于抽样试验。常用的有离散系统仿真和连续系统仿真。

　　数学建模的关键在于观察、分析实际问题,做出合理的假设,明确变量和参数,形成明确的数学问题,而不仅是翻译的问题。涉及的数学问题可能是复杂、困难的,求解也许涉及深刻的数学方法,因此如何做出正确的判断,寻找合适、简洁的(解析或近似)解法,对模型进行验证,是数学建模的难点所在。

4.1.3　机器人工程中的数学

　　一个机械臂通常是由几个单自由度的关节(移动关节或者转动关节)和连杆相连接组合而成的。为了控制末端执行器相对于基座的运动,我们需要知道附加在末端执行器和基座上的坐标系之间的关系。其方法是在机器人的每个连杆上都固定一个坐标系,然后通过矩阵的依次变换推导出末端执行器相对于基坐标系的位姿,从而建立机器人的运动学方程。为了推导出它们之间的关系,需应用刚体的位置和方向的描述,来进行求解连续坐标系的坐标变换,推导出一个通用的系统方法来定义两个相连接的连杆的相对位置和方向,也就是定义附加在两个连杆上的两个坐标系,并且计算它们之间的关系。连杆坐标系变换示意图如图 4 - 2 所示。

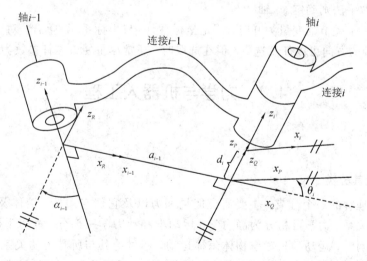

图 4 - 2　连杆坐标系变换示意图

　　连杆坐标系的特点是每一杆件的坐标系 z 轴和原点固连在该杆件的前一个轴线上。除第一个和最后一个连杆外,每个连杆两端的轴线各有一条法线,分别为前、后相邻连杆的公共法线。这两法线间的距离即为 d_i。我们称 a_i 为连杆长度,α_i 为连杆扭角,d_i 为两连杆距离,θ_i 为两连杆夹角。下面进行 4 种变换。

　　(1) 绕 x_{i-1} 轴旋转 α_{i-1} 角度,使 z_{i-1} 转到 z_R,同 z_i 的方向一致,使坐标系 $\{i-1\}$ 过

渡到$\{R\}$。

(2) 坐标系$\{R\}$沿x_{i-1}或x_R轴平移一段距离a_{i-1},把坐标系移到i轴上,使坐标系$\{R\}$过渡到$\{Q\}$。

(3) 坐标系$\{Q\}$绕z_Q或z_i轴转动θ_i角度,使$\{Q\}$过渡到$\{P\}$。

(4) 坐标系$\{P\}$再沿z_i轴平移一段距离d_i,使$\{P\}$过渡到i杆的坐标系$\{i\}$与之重合。

这种关系可由表示连杆i对连杆$i-1$相对位置的4个齐次变换来描述。根据坐标系变换的链式法则,坐标系$\{i-1\}$到坐标系$\{i\}$的变换矩阵可以写成

$$_i^{i-1}\boldsymbol{T} = {}_R^{i-1}\boldsymbol{T}{}_Q^R\boldsymbol{T}{}_P^Q\boldsymbol{T}{}_i^P\boldsymbol{T}$$

根据所设定的连杆坐标系,相应的连杆参数可定义如下:

a_i——沿x_i轴,从z_i移动到z_{i+1}的距离;

α_i——绕x_i轴,从z_i旋转到z_{i+1}的角度;

d_i——沿z_i轴,从x_{i-1}移动到x_i的距离;

θ_i——绕z_i轴,从x_{i-1}旋转到x_i的角度。

对于一个机器人,可以按照如下步骤依次建立起所有连杆的坐标系:

(1) 找出各关节轴,并画出这些轴线的延长线。在下面的步骤(2)至步骤(5)中,仅考虑两条相邻的轴线(关节轴i和关节轴$i+1$)。

(2) 找出关节轴i和关节轴$i+1$之间的公垂线,以该公垂线与关节轴i的交点作为连杆坐标系$\{i\}$的原点(当关节轴i和关节轴$i+1$相交时,以该交点作为坐标系$\{i\}$的原点)。

(3) 规定z_i轴沿关节轴i的方向。

(4) 规定x_i轴沿公垂线a_i的方向,由关节轴i指向关节轴$i+1$。如果关节轴i和关节轴$i+1$相交,则规定x_i轴垂直于这两条关节轴所在的平面。

(5) 按照右手法则确定y_i轴。

(6) 当第一个关节的变量为0时,规定坐标系$\{0\}$与坐标系$\{1\}$重合。对于坐标系$\{n\}$,其原点和x_n轴的方向可以任意选取。但在选取时,通常尽量使得连杆参数为0。

4.2　力学与机器人工程

4.2.1　概述

1. 力学及其分类

力学是物理学的一个分支,主要研究能量和力以及它们与固体、液体及气体的平衡、变形或运动的关系。力学可粗分为静力学、运动学和动力学三部分。静力学研究力的平衡或物体的静止问题,运动学只考虑物体怎样运动,不讨论其与所受力的关系,动力学讨论物体运动和所受力的关系。现代的力学实验设备,如大型的风洞、水洞,它们的建立和使用本身就是一个综合性的科学技术项目,需要多工种、多学科的协作。

力学是研究物质机械运动规律的科学。自然界物质有多种层次,包括宇观的宇宙体系、宏观的天体和常规物体,细观的颗粒、纤维、晶体,微观的分子、原子、基本粒子。通常理解的力学以研究天然的或人工的宏观对象为主,但由于学科的互相渗透,有时也涉及宇观或细观甚至微观各层次中的对象以及有关的规律。

　　力学又称经典力学，是研究通常尺寸的物体在受力下的形变，以及速度远低于光速的运动过程的一门自然科学。力学是物理学、天文学和许多工程学的基础。机械、建筑、航天器和船舰等的合理设计都必须以经典力学为基本依据。机械运动是物质运动的最基本的形式。机械运动亦即力学运动，是物质在时间、空间中的位置变化，包括移动、转动、流动、变形、振动、波动、扩散等。而平衡或静止，则是其中的特殊情况。物质运动的其他形式还有热运动、电磁运动以及原子及其内部的运动和化学运动等。力是一种物质间的相互作用，机械运动状态的变化是由这种相互作用引起的。静止和运动状态不变，则意味着各作用力在某种意义上的平衡。因此，力学可以说是力和（机械）运动的科学。

　　通常理解的力学，是指一切研究对象的受力和受力效应的规律及其应用的学科的总称。人类早期的生产实践活动是力学最初的起源。物理学的建立是从力学开始的，当物理学摆脱了机械（力学）的自然观而获得健康发展时，力学则在工程技术的推动下按自身逻辑进一步演化。最终，力学和物理学各自发展成为自然学科中两个相互独立的、自成体系的学科分类。力学与物理学之间不存在隶属关系。

　　按研究对象的物态进行区分，力学可以分为固体力学和流体力学。根据研究对象具体的形态、研究方法、研究目的的不同，固体力学可以分为理论力学、材料力学、结构力学、弹性力学、板壳力学、塑性力学、断裂力学、机械振动、声学、计算力学、有限元分析等。流体力学包含流体力学、流体动力学等。根据针对对象所建立的模型不同，力学也可以分为质点力学、刚体力学和连续介质力学。连续介质通常分为固体和流体，固体包括弹性体和塑性体，而流体则包括液体和气体。许多带"力学"名称的学科，如热力学、统计力学、相对论力学、电动力学、量子力学等，被认为是物理学的其他分支，不属于经典力学的范围。

2. 理论力学和材料力学

　　理论力学和材料力学是机械工程专业最主要的两门力学课程。理论力学是机械运动及物体间相互机械作用的一般规律的学科，也称经典力学，是力学的一部分，也是大部分工程技术科学理论的基础。其理论基础是牛顿运动定律，故又称牛顿力学。20 世纪初建立起来的量子力学和相对论，表明牛顿力学所表述的是相对论力学在物体速度远小于光速时的极限情况，也是量子力学在量子数为无限大时的极限情况。对于速度远小于光速的宏观物体的运动，包括超声速喷气飞机及宇宙飞行器的运动，都可以用经典力学进行分析。

　　工科理论力学是研究物体的机械运动及物体间相互机械作用的一般规律的学科。同时理论力学是一门理论性较强的技术基础课。随着科学技术的发展，工程专业中许多课程均以理论力学为基础。工科理论力学遵循正确的认识规律进行研究和发展。人们通过观察生活和生产实践中的各种现象，进行多次的科学试验，经过分析、综合和归纳，总结出力学的最基本的理论规律。

　　理论力学所研究的对象（即所采用的力学模型）为质点或质点系时，称为质点力学或质点系力学；如为刚体时，称为刚体力学。因所研究问题的不同，理论力学又可分为静力学、运动学和动力学三部分。

　　静力学研究物体在力作用下处于平衡的规律，研究的问题包括物体的受力分析、力系的简化、力系的平衡及其运用。运动学研究物体运动的几何性质，研究的问题包括建立物体运动的描述方法、确定物体运动的有关特征量，例如运动轨迹、速度、加速度，刚体的角速度及其角加速度等。动力学研究物体在力作用下的运动规律，研究问题包括对物体的受力分析，建立物体机械运动的普遍规律。

理论力学的重要分支有振动理论、运动稳定性理论、陀螺仪理论、变质量体力学、刚体系统动力学、自动控制理论等。

理论力学与许多技术学科直接有关，是这些学科的基础，如水力学、材料力学、结构力学、机器与机构理论、外弹道学、飞行力学等。

材料力学是研究材料在各种外力作用下产生的应变、应力、强度、刚度、稳定和导致各种材料破坏的极限。材料力学是大部分工科学生必修的学科，是设计工业设施必须掌握的知识。学习材料力学一般要求学生先修高等数学和理论力学。材料力学与理论力学、结构力学并称三大力学。

在人们运用材料进行建筑、工业生产的过程中，需要对材料的实际承受能力和内部变化进行研究，这就催生了材料力学。运用材料力学知识可以分析材料的强度、刚度和稳定性。材料力学还用于机械设计，在相同的强度下可以减少材料用量，优化机构设计，以达到降低成本、减轻重量等目的。在材料力学中，将研究对象看作均匀、连续且具有各向同性的线性弹性物体，但在实际研究中不可能会有符合这些条件的材料，所以需要各种理论与实际方法对材料进行实验比较。材料在机构中会受到拉伸或压缩、弯曲、剪切、扭转及其组合等变形。

理论力学和材料力学的研究方法主要有简化计算方法、平衡方法、变形协调分析方法、能量方法、叠加方法、类比法(图解解析法和图解法)。

3. 力学无处不在

力学几乎无处不在，在门类众多的科技领域内，或多或少都包含需要解决的力学问题，大到跨海大桥、航天飞船，小到刀件、别针等。事实上，在日常生活中也同样存在大量的力学问题。

当走或跑时，人体受的外力包括空气阻力、作用于身体总质心的重力以及地面支撑脚的力。支撑反力是地面对人脚的总的作用，它是径直向上的压力与水平方向的静摩擦力的合力。

人们把刀、斧等切割工具的刃部叫做劈，而一头厚一头薄的斜面木料叫做楔。劈能轻而易举地劈开坚硬的物体，楔可使物体间接触得更紧密。楔的受力分析如图 4-3 所示。古代有这样一个传说：明朝年间，苏州的虎丘寺塔因年久失修，塔身倾斜，有倒塌的危险；当时，有人建议用大木柱将其撑住，可这样又大煞风景。不久，有一位和尚把木楔一个个地从塔身倾斜的一侧的砖缝里敲进去，结果扶正了塔身。其原因就在于当楔角很小时，施加一个很小的敲击力，就能够产生很大的侧面压力。

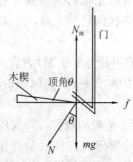

图 4-3　楔的受力分析

在足球场上发任意球时，有的球员可以踢出会拐弯的香蕉球，这是为什么呢？我们应当了解踢出的足球在行进过程中除向前运动外，本身还在自旋。自旋行进足球的受力分析如图 4-4 所示。假设空气不流动，足球向右运动，同时从上向下看还有绕竖直轴逆时针的方向自旋，如果以球为参照物，则空气相对球向左运动，同时，由于球的自旋，球表面粗糙，靠近球表面有一层空气被球带动而作同一方向的旋转，结果在球的左、右两侧的 A、B 两部分空气相对于球的运动速度不等，其中 A 部分的速度大于 B 部分的速度，A、B 两部分的压强不等，使左、右两侧之间产生了压力差，形成了一个指向 A 面的合力 F，才导致球的运动轨迹发生了偏转。

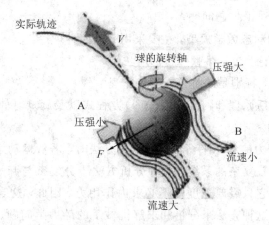

图 4-4　自旋行进足球的受力分析

力学不仅是一门基础科学，同时也是一门技术科学，它是许多工程技术的理论基础，又在广泛的应用过程中不断得到发展。当工程学还只分为民用工程学（即土木工程学）和军事工程学时，力学在这两个分支中就已经起着举足轻重的作用。工程学越分越细，各个分支中许多关键性的进展，都有赖于力学中有关运动规律、强度、刚度等问题的解决。

力学和工程学的结合，促使了工程力学各个分支的形成和发展。现在，无论是历史较久的土木工程、建筑工程、水利工程、机械工程、船舶工程等，还是后起的航空工程、航天工程、核技术工程、生物医学工程等，都或多或少有工程力学的一席之地。

力学既是基础力学又是技术科学这种二重性，有时难免会引起分别侧重基础研究和应用研究的力学家之间的不同看法。但这种二重性也为人类认识自然和改造自然两个方面作出了贡献。

4.2.2　机器人工程中的力学

力学是机器人工程的重要基础，几乎所有的机器人工程都离不开力学。在进行机器人结构设计时，力学分析是必不可少的，需要进行静力学分析、运动学分析和动力学分析，以确定零件的尺寸、结构和材料，从而保证所设计的产品或元件具有足够的强度、刚度和稳定性，保证产品达到所要求的运动性能和动力学性能。科学严密的力学分析还可以在保证性能的前提下，尽可能地节省材料、降低成本。在材料去除加工（如切削、铣削、磨削等）中有必要通过力学分析来分析材料去除的机理，以便确定合适的加工工艺，从而提高加工的效率与质量，降低加工成本。在材料成型加工(如冲压、模铸等)中，需要通过力学分析，以避免加工缺陷，保证加工质量。而机器人工程的研究对象就是机器人，包括机器人设计、制造和控制，机器人系统是一套高度集成的机电一体化设备，因此机器人工程自然也离不开力学。

1. 机器人动力学

操作机器人是一种主动机械装置，原则上它的每个自由度都可具有单独传动。从控制观点来看，机械手系统代表冗余的、多变量的和本质非线性的自动控制系统，也是个复杂的动力学耦合系统。每个控制任务本身就是一个动力学任务。因此，研究机器人的动力学问题，就是为了进一步讨论控制问题。

分析机器人操作的动态数学模型，主要采用下列两种理论：

(1) 动力学基本理论，包括牛顿-欧拉方程。

(2) 拉格朗日力学，特别是二阶拉格朗日方程。

此外，还有应用高斯原理和阿佩尔(Appel)方程式以及旋量对偶数法和凯恩(Kane)法等来分析动力学问题的。

第一个理论方法即力的动态平衡法。当用此方法时，需从运动学出发求得加速度，并消去各内作用力。对于较复杂的系统，此种分析方法十分复杂与麻烦。第二个理论方法即拉格朗日功能平衡法，它只需要速度而不必求内作用力。因此，这是一种直截了当和简便的方法，我们主要采用这种方法来分析和求解机械手的动力学问题。我们特别感兴趣的是求得动力学问题的符号解答，因为它有助于我们对机器人控制问题的深入理解。

研究动力学有两个相反的问题。其一是已知机械手各关节的作用力或力矩，求各关节的位移、速度和加速度，求得运动轨迹。其二是已知机械手的运动轨迹，即各关节的位移、速度和加速度，求各关节所需要的驱动力或力矩。前者称为动力学正问题，后者称为动力学逆问题。一般的操作机器人的动态方程由六个非线性微分联立方程表示。实际上，除了一些比较简单的情况外，这些方程式是不可能求得一般解答的。我们将以矩阵形式求得动态方程，并简化它们，以获得控制所需的信息。在实际控制时，往往要对动态方程做出某些假设，进行简化处理。

机器人的动态特性是我们要讨论的另一个问题，包括精度、重复能力、稳定性和空间分辨度等。这些特性是由功能机械手的几何结构、单独点伺服传动的精度以及执行运算的计算机程序的质量决定的。

4.2.3　力学的研究方法

力学的研究方法遵循认识论的基本法则：实践—理论—实践。

力学家根据对自然现象的观察，特别是定量观测的结果，根据生产过程中积累的观察和数据，或者根据为特定目的而设计的科学实验的结果，提炼出量与量之间的定性的或数量的关系。为了使这种关系反映事物的本质，力学家要善于抓住起主要作用的因素，摒弃或暂时摒弃一些次要因素。

力学中把这种过程称为建立模型，如质点、质点系、刚体、弹性固体、黏性流体连续介质等是各种不同的模型。在模型的基础上可以运用已知的力学或物理学的规律以及合适的数学工具，进行理论上的演绎工作，导出新的结论。

依据所得理论建立的模型是否合理，有待于新的观测、工程实践或者科学实验等加以验证。在理论演绎中，为了使理论具有更高的概括性和更广泛的适用性，往往采用一些无量纲参数如雷诺数、马赫数、泊松比等。这些参数既反映物理本质，又是单纯的数字，不受尺寸、单位、工程性质、实验装置类型的牵制。

因此，从局部看来，力学研究工作方式是多样的：有些只是纯数学的推理，甚至着眼于理论体系在逻辑上的完善化；有些着重数值方法和近似计算；有些着重实验技术等。而更大量的则是着重在运用现有力学知识，解决工程技术中或探索自然界奥秘中提出的具体问题。

现代的力学实验设备，如大型的风洞、水洞，它们的建立和使用本身就是一个综合性的科学技术项目，需要多工种、多学科的协作。应用研究更需要对应用对象的工艺过程材料性质、技术关键等有清楚的了解。在力学研究中既有细致的、独立的分工，又有综合的、全面的协作。

可以看到，在力学研究工作中，数学有着十分重要的作用。力学与数学在发展中始终相互推动，相互促进。一种力学理论往往与相应的一个数学分支相伴产生，如运动基本定律和微积分，运动方程的求解和常微分方程，弹性力学及流体力学和数学分析理论，天体力学中运动稳定性和微分方程定性理论等，因此有人甚至认为力学应该也是一门应用数学。但是力学和其他物理学分支一样，还需要实验基础，而数学寻求的是比力学更具普遍性的数学关系，两者有各自不同的研究对象。

4.3　材料与机器人工程

4.3.1　材料的概述

材料是人类用来制造机器、构件、器件和其他产品的物质。材料可按多种方法进行分类。通常按材料的物理化学属性可以分为金属材料、无机非金属材料、有机高分子材料和复合材料。

金属材料是机械工程中使用最为频繁的一类材料。人类文明的发展和社会的进步同金属材料关系也十分密切。继石器时代之后出现的铜器时代、铁器时代，均以金属材料的应用为其时代的显著标志。现代，种类繁多的金属材料已成为人类社会发展的重要物质基础。金属材料通常分为黑色金属、有色金属和特种金属材料。① 黑色金属又称钢铁材料，包括含铁 90% 以上的工业纯铁，含碳 2%～4% 的铸铁，含碳小于 2% 的碳钢，以及各种用途的结构钢、不锈钢、耐热钢、高温合金不锈钢、精密合金等。广义的黑色金属还包括铬、锰及其合金。② 有色金属是指除铁、铬、锰以外的所有金属及其合金，通常分为轻金属、重金属、贵金属、半金属、稀有金属和稀土金属等。有色合金的强度和硬度一般比纯金属高，并且电阻大、电阻温度系数小。③ 特种金属材料包括不同用途的结构金属材料和功能金属材料。其中有通过快速冷凝工艺获得的非晶态金属材料，以及准晶、微晶、纳米晶金属材料等，还有具有隐身、抗氢、超导、形状记忆、耐磨、减振阻尼等特殊功能的合金以及金属基复合材料等。图 4-5 为金属材料的应用。

(a) 45号钢轴类零件　　　　　　　　　　(b) 锌合金铸造零件

图 4-5　金属材料的应用

无机非金属材料是以某些元素的氧化物、碳化物、氮化物、卤素化合物、硼化物以及硅酸盐、铝酸盐、磷酸盐、硼酸盐等物质组成的材料，是除有机高分子材料和金属材料以外的所有材料的统称。无机非金属材料的提法是在 20 世纪 40 年代以后，随着现代科学技术的发展从传统的硅酸盐材料演变而来的。无机非金属材料的品种和名目极其繁多，用途各异，因此，还没有一个统一而完善的无机非金属材料分类方法。通常把它们分为普通的（传统的）和先进的（新型的）无机非金属材料两大类。传统的无机非金属材料是工业和基本建设所必需的基础材料，如水泥、玻璃、仪器玻璃和普通的光学玻璃以及日用陶瓷、卫生陶瓷、建筑陶瓷、化工陶瓷和电瓷等，与人们的生产、生活息息相关，它们产量大、用途广。其他产品，如搪瓷、磨料（碳化硅、氧化铝等）、铸石（辉绿岩、玄武岩等）、碳素材料、非金属矿（石棉、云母、大理石、花岗岩等）也都属于传统的无机非金属材料。新型无机非金属材料是20 世纪中期以后发展起来的，是具有特殊性能和用途的材料，它们是现代国防和生物医学所不可缺少的物质基础，主要有先进陶瓷、非晶态材料、人工晶体、无机涂层、无机纤维等。图 4-6 为无机非金属材料的应用。

(a) 陶瓷轴承　　　　　　(b) 金刚石砂轮　　　　　　(c) 花岗岩机床床身

图 4-6　无机非金属材料的应用

有机高分子材料简称高分子化合物或高分子，又称高聚物，是衣、食、住、行和工农业生产各方面都离不开的材料，其中棉、毛、丝、塑料、橡胶等都是十分常用的。物质文明和精神文明都高度发展的今天，近代化学化工科学技术的迅速发展，创造了许多自然界从来没有过的人工合成高分子化合物，对满足各种需求作出了重要贡献。图 4-7 为有机高分子材料的应用。

(a) 工程塑料齿轮　　　　　　　(b) 橡胶密封圈　　　　　　(c) 高分子反渗透膜

图 4-7　有机高分子材料的应用

　　复合材料是由两种或两种以上不同性质的材料，通过物理或化学的方法，在宏观上组成具有新性能的材料。各种材料在性能上互相取长补短，产生协同效应，使复合材料的综合性能优于原组成材料而满足各种不同的要求。复合材料的基本材料分为金属和非金属两大类。金属基体常用的有铝、镁、铜、钛及其合金。非金属基体主要有合成树脂、橡胶、石墨、碳等。增强材料主要有玻璃纤维、碳纤维、硼纤维、芳纶纤维、碳化硅纤维、石棉纤维、晶须、金属丝和硬质细粒等。

　　复合材料在实际应用中又常分为结构材料和功能材料。结构材料是以力学性质为基础，用来制造受力为主的构件。结构材料也有物理性质或化学性质的要求，如光泽、导热率、抗辐照能力、抗氧化、抗腐蚀能力等，根据材料用途不同，对性能的要求也不一样。功能材料主要是利用物质的物理、化学性质或生物现象等对外界变化产生的不同反应而制成的一类材料，如半导体材料、超导材料、光电子材料、磁性材料等。

　　材料科学是研究材料组成、结构、工艺、性质和使用性能之间相互关系的学科，涉及的理论包括固体物理学、材料化学，与电子工程结合则衍生出电子材料，与机械结合则衍生出结构材料，与生物学结合则衍生出生物材料等。材料学研究的主要目的是为材料设计、制造、工艺优化和合理使用提供科学依据。现代材料学科更注重研究各类材料及其之间相互渗透的交叉性和综合性。

　　材料是人类赖以生存和发展的物质基础。20 世纪 70 年代，人们把信息、材料和能源作为社会文明的支柱。20 世纪 80 年代，随着高技术群的兴起，又把新材料与信息技术、生物技术并列作为新技术革命的重要标志。现代社会，材料已成为国民经济建设、国防建设和人民生活的重要组成部分。

　　材料在科技发达的现代社会中所起的核心作用得到了许多杰出的教育学家和科学家的充分肯定。先进材料及先进材料工艺对国家的生活水平、安全及经济实力起着关键性的作用，先进材料是先进技术的奠基石。人们所享用的所有物质都是由材料组成的：从半导体芯片到柔韧的混凝土的摩天大厦，从塑料袋到芭蕾舞演员的人造臀骨以及航天飞机的复合结构。材料的影响不仅限于具体的产品，千千万万的就业机会也依赖着我们所拥有的高质量特殊材料。

　　先进材料是技术大厦的砖石。当材料按特定方式加工时，技术才得以发展，促成进步。先进的材料和工艺方法已成为改善生活质量、安全、工业生产率和经济增长的基本要求。材料学也是处理如环境污染、自然资源的不断减少及其价格的膨胀等一些紧迫问题的工具。

美国国家研究委员会的研究报告中指出了材料对美国的经济盛衰所呈现的中心地位，该报告名为"20世纪90年代的材料科学与工程——在材料时代里保持竞争力"。文中指出："材料科学与工程对影响美国经济及国防力量的重要工业部门的兴旺发展是至关重要的。"日本对材料科学与工程也采用了类似的定位，并且宣称将开发、加工和制造先进材料作为保持技术领导地位的国家战略的基石。目前新材料技术又在国际上被定义为六大通用高技术领域之一，这充分说明材料是国民经济建设、国防建设与人民生活不可缺少的重要组成部分，是人类赖以生存和发展的物质基础。不断开发和使用材料的能力是任何一个社会发展的基础之一。

自古以来，人类文明的进步都是以材料的发展为标志的，人类的历史也是按制造生产工具所用材料的种类划分的，由史前时期的石器时代，经过青铜器时代、铁器时代，而今跨入人工合成材料的新时代。

材料是所有科技进步的核心。由于材料合成、开发及工艺技术的成熟，开辟了许多在短短的几十年前都不曾梦想的新领域，这方面的例证在许多不同的行业比比皆是。当我们回忆在包括能源、通信、多媒体、计算机、建筑和交通等广泛领域中所取得的举世瞩目的进步时，你就会体会到这句话的正确性。没有专门为喷气发动机设计的材料，就没有依靠飞机旅行的今天；没有固体微电子电路，就没有我们大家都了解的计算机。有人曾经指出，晶体管在迄今为止所有的科学技术发现中影响最为深远。

在现代文明社会发展的历史中，技术上的重大突破都是与新材料的发展及加工合成相联系的。近来，精确地控制材料的成分和组织结构的加工合成工艺的发展，使晶体管的微型化成为可能，结果导致了电子技术革命，生产出了计算机、蜂巢式移动电话和光盘(CD)播放器等产品，并且这一技术革命将继续影响现代生活的各个方面。

材料作为进步的跳板的另一领域是航天工业。重量轻、强度高的铝和钛合金促进了更有效的机架的发展，而镍基高温合金的发明和改进，促进了强力、高效的飞机喷气发动机的发展。复合材料和陶瓷取代传统材料则又使飞机获得进一步的改善。

材料的发展使传媒技术获得突破的另一例子发生在电子通信业中。以前通过铜线以电的方式传送信息，现在则通过高质量的透明 SiO_2 纤维以光的方式来传送。这种光纤在其直径方向上，发生平缓而精确的变化以提供最大的效率。使用这种技术增加了信息的传输量和传输速度，它可携带的信息量比铜电缆大几个数量级。此外，传输信息的可靠性也大大改善。除了这些优点，玻璃纤维的生产材料和制作过程对环境具有好的效应，因此也减轻了由开采铜矿对环境造成的不利影响。

4.3.2　机器人工程与材料

机器人采用轻量化材料有助于减少运行能耗、提高操作速度，进而提升工作效率。除此之外，更轻的自重对于机器人降低运动惯性、增加动作准确度也有明显的裨益。铝合金、镁合金、碳纤维复合材料都是目前常用的机器人轻量化材料，虽然三者的轻量化效果都比较明显，但是在具体的应用中，性能表现方面仍然存在一定的差异。

（1）用于机器人材料的镁合金。镁是实用金属中最轻的，它的密度大约是铝的2/3，是铁的1/4，对于含30%玻璃纤维的聚碳酸酯复合材料来说，镁的密度也不超过其10%。镁合金是由镁和其他元素组成的合金。这种合金密度小、强度大、弹性模量大、散热性和消震性好，承受冲击载荷能力比铝合金大，耐有机物和碱的腐蚀性能强。日本本田公司第 3 代的 ASIMO 外壳采用的就是镁合金材质，这使得机器人的自重大大降低，步行速度由原来的 1.6 km/h 提高到 2.5 km/h，最大奔跑速度达到了 3 km/h。但是，镁合金的强韧性与钢铁、铝合金相比还较低，距机器人材料性能的要求尚有差距，无法实现对钢铁、铝合金等材料的完全替代。因为强度的限制，作为机器人材料的镁合金也直接影响其铸造、焊接等加工性能，也无法满足较大载荷搬运的应用需求，一般被用于医疗、家政等轻型机器人部件。

（2）用于机器人材料的铝合金。除了具有铝的一般特性外，不同种类和型号的铝合金因添加的合金元素的不同而展现出不同的性能特征。铝合金的密度较小，强度较大，比强度接近高合金钢，比刚度超过钢，铸造性能和塑性加工性能良好，在导电、导热、耐腐蚀和可焊性方面也比较理想，可以作为结构材料使用。而且，铝合金的应用成本比较低，所以应用非常广泛。但是其热稳定性不够理想，在一些极端工作环境中，容易发生蠕变，当用于机器人重要操作部件时，会影响机器人的操作精准度。因此，铝合金材质更适用于模型、教育类机器人中，不适合用于铸造、消防等行业。

（3）用于机器人的碳纤维复合材料。碳纤维复合材料强度大、重量轻、蠕变小，比强度是钢铁的数十倍，加工性能好，适用于多种成型方法，常被用于机器人手臂、关节、连杆等部位。例如，某公司为国家电网配电站巡检机器人量身打造的一款可伸缩机器人外壳，极轻的自重能大幅度降低机械能耗，延长工作时间，并使机器人在移动时更加平稳安全。相比于镁合金、铝合金材料，碳纤维复合材料的性能特征更适用于中小型工业类机器人，能够在较高载荷、高磨损、高使用频率的环境下服役。虽然其应用成本较高，但是其独特的性能优势在未来的智能化工业进程中不容忽视。

总之，机器人轻量化发展是趋势所在，机器人涉及的种类也很多，不同工作环境和不同位置的部件对材料有着不同的要求，建议机器人选材需要从质量、刚度、运动惯量等多角度综合考虑。例如，机械手臂是运动性部件，需要有良好的受控性，所以机械臂的材料必须避免笨重。与此同时，机械手臂的材质需要有足够的强度和刚度承受载荷，绝对不能出现应变和断裂，在此情况下，碳纤维复合材料比镁合金、铝合金更加适合。而且，在根据机械手臂的工况要求以及综合成本进行取舍选择时，需要注意多种材料的一体化应用，这样才能使机械手臂的轻量化价值得到有效体现。

在对制作机器人的材料选择问题上，设计人员通常主要考虑 3 个方面：使用要求、工艺要求和经济要求。

根据材料的使用要求，选择材料的一般原则有以下两点：

（1）零件尺寸取决于强度，且尺寸和重量又受到某些限制时，应选用强度较高的材料；在静应力下工作，应力分布均匀，如拉伸、压缩和剪切的情况下，宜选用组织均匀，屈服极限较高的材料；在变应力下工作的零件，应选用疲劳强度较高的材料。

（2）利用滑动摩擦力工作的零件，应选用减摩性能好的材料；在高温下工作的零件应选用耐热材料；在腐蚀介质中工作的零件应选择耐腐蚀材料。材料的各种性能指标中，只取其中之一（如强度极限、疲劳极限等）作为选择材料的依据是不合理的，由于减轻质量常是设计机器人的主要要求之一，故可以采用质量指标对零件进行评定，然后选择合适的材料。

　　选取何种材料构成其结构本体是详细设计中必然要遇到的问题。一个结构件的设计需要从材质、剖面结构、构建组合形式等方面加以考虑，以便妥善解决应力、变形、质量、固有振动频率等问题。

　　木材是一种非常优秀的材料。木材相比金属或其他塑料的质地要轻，不易弯曲，而且割断或切削加工都很容易。当需要制作支柱类零部件时，使用木质材料要比使用金属材料更便于组装。相对来说，木材更适合于制作轻型机器人。由于干燥的木材不导电，因此，不会产生采用金属材料时所担心的短路现象。但要避免使用较软的板条，如松木、冷杉等，这是因为相对于重（质）量来说，它们的体积太大了。

　　在制作机器人时，厚度超过 3 cm 的木材相对来说比较重，也比较难加工。当需要这种材料时，可以采用板画中使用的椴木胶合板来取代。由于胶合板一般都比较薄，直接使用往往满足不了零部件的强度要求。为此，需要先将它制作成箱体，或者通过添加金属加固件来提高强度，这样就可以用木材制作出既轻又结实的本体。不管怎么说，用金属制成的机器人从一种独特的角度来看，也可以考虑使用所谓的外来木材制作，这些木材可以从木工车床加工供应商的目录中得到。它们包括柚木、胡桃木、花梨木等。在多层结构的机器人中，它们可以作为分离各安装层的坚固的支撑架。用金属制造的机器人似乎才给人感觉更像机器人。的确，机器人的外观也很重要。但是，如果能实现同样的功能，积极采用制作简单的木材为材料，不失为一种很好的选择。

　　塑料也是一种制作机器人的有效材料。在材料商店中，有很多如聚酯塑料板之类的塑料材料出售。在废弃的日常生活用品中，也有很多可以用来充当机器人的制作材料。因此，在制作机器人时，应该首先从身边寻找制作材料。例如，在制作运送乒乓球之类的机器人时，可充分利用超市中使用的发泡塑料包装盒，或将方形的塑料饮料瓶切下一部分，利用这些材料的形状可以制作出机器人中装载物品的部件。当需要选用板材时，如果强度要求不高，则可以采用很容易找到的瓦楞塑料板。此外，还可以利用废弃车船模型的零部件，通过去掉多余部分，采取与其他零部件组合等方法，或许还能使这些废弃物焕发出新的活力。

　　机器人使用的材料多用于结构制作，一般选用金属材料。机器人应具有足够的强度。因此主要材料选用各种碳钢和铝合金。在使用金属材料制作机器人时，若使用专业工具，则加工金属材料要比想象的简单。材料不同，加工的难易程度可能会有所不同。一般来说，在对厚度在 1 mm 以上的金属进行弯折或切削时，需要使用特殊的工具，加工起来比较困难。另外，当金属材料比较短时，其强度很高。随着尺寸增加，金属材料会因自重发生弯曲，因而达不到预想的强度。在制作小型机器人时，可以采用将金属薄板两边卷起的方法来增加其强度，应该尽量避免使用比较厚重的金属材料。

　　材料截面对构件质量和刚度有重要影响，因此通过合理选择构件截面可以较好地满足机器人的使用要求，如空心圆截面、空心矩形截面和工字形截面等。在不影响机器人性能的情况下，应选择截面尺寸尽量小的方型铝合金管材来制作车身主体构件，而且在不影响构件的强度和刚度的前提下，可以在构件垂直方向上打通孔，以减轻材料的重（质）量。同时，在对有些零件有比较高的疲劳强度和韧性要求时，可以选用一些角钢、钢板、硬铝板以及铝合金型材等，以满足不同的需要。

　　复合材料主要有泡沫板、玻璃纤维、树脂、复合碳纤维等。复合材料重量很轻，虽然强度不高，但是很适用于制作模型或者用于代替木材、塑料等材料，并且该类材料在加工时只需用刀和直尺就可以进行切割。强度较高的复合材料至少有两个缺点：价格昂贵，而且不易买到。大多数复合材料只能够从特定的零售商和工业产品供应商处得到。

4.4　机械与机器人工程

4.4.1　机器人机械设计

机械设计是根据用户的使用要求对专用机械的工作原理、结构、运动方式、力和能量的传递方式、各个零件的材料和形状尺寸、润滑方法等进行构思、分析和计算，并将其转化为具体的描述以作为制造依据的工作过程。机械设计是机器人工程的重要组成部分，是机器人机械生产的第一步，是决定机器人机械性能的最主要的因素。机械设计的努力目标是：在各种限定的条件（如材料、加工能力、理论知识和计算手段等）下设计出最好的机械，即做出优化设计。优化设计需要综合地考虑许多要求，一般有最好工作性能、最低制造成本、最小尺寸和重（质）量、使用中最高可靠性、最低消耗和最少环境污染。这些要求常是互相矛盾的，而且它们之间的相对重要性因机械种类和用途的不同而异。设计者的任务是按具体情况权衡轻重，统筹兼顾，使设计的机械有最优的综合技术经济效果。

机械设计可分为新型设计、继承设计和变型设计三类。

（1）新型设计。新型设计是指应用成熟的科学技术或经过实验证明是可行的新技术，设计过去没有的新型机械。

（2）继承设计。继承设计是指根据使用经验和技术发展对已有的机械进行设计更新，以提高其性能、降低其制造成本或减少其运用费用。

（3）变型设计。变型设计是指为适应新的需要对已有的机械作部分修改或增删而发展出不同于标准型的变型产品。

在设计阶段，首先要从市场调查、产品性能、生产数量等方面出发，制订出产品的研制开发规划。在设计时先进行总体设计，再进行部件设计，画总装配图和零件图。在技术文件编制阶段，应根据机械零件的使用条件、场合、性能和环境保护要求等，选择合理的材料及加工方法。不同的机械产品有不同的性能要求。在满足了产品性能和成本要求的前提下，由工艺部门编写工艺规程或制作工艺图，并交付生产。

4.4.2　机器人的结构

机器人实物如图 4-8 和图 4-9 所示，其结构通常包括四大部分，即执行机构、驱动—传动系统、控制系统和智能系统。

1. 机器人的执行机构

众所周知，人的功能活动（劳动）分为脑力劳动和体力劳动两种，两者往往又不能截然分开。从执行器来讲，就是在大脑支配下的嘴巴和四肢。单从体力劳动来讲，可以靠脚力、肩扛，但最主要的是人的手臂，而手的动作离不开胳臂、腰身的支持与配合。手部的动作和其他部位的动作是靠肌肉收缩和张弛，并由骨骼作为杠杆支持而完成的。

从图 4-8 和图 4-9 可知，机器人的执行机构包括手部、腕部、臂部、腰部和基座，它与人身结构基本上相对应，其中基座相对于人的下肢。机器人的构造材料，至今仍是金属和非金属材料,用这些材料可加工成各种机械零件和构件,其中有仿人形的"可动关节"。机器人的关节(相当于机构中的"运动副")有滑动关节、回转关节、圆柱关节和球关节等类型,在何部位采用何种关节,则由要求它做何种运动而决定。机器人的关节保证了机器人各部位的可动性。

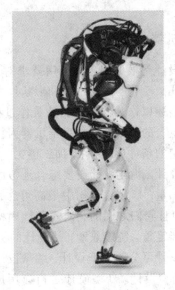

图 4-8　工业机器人　　　　　　图 4-9　步行机器人

(1) 机器人的手部,又称末端执行机构,它是工业机器人和多数服务型机器人直接从事工作的部分。根据工作性质(机器人的类型),其手部可以设计成夹持型的夹爪,用以夹持东西;也可以是某种工具,如焊枪、喷嘴等;也可以是非夹持类的,如真空吸盘、电磁吸盘等。在仿人形机器人中,手部可能是仿人形多指手。

(2) 机器人的腕部,相当于人的手腕,它上与臂部相连,下与手部相接,一般有 3 个自由度,以带动手部实现必要的姿态。

(3) 机器人的臂部,相当于人的胳膊,下连手部,上接腰部(人的胳膊上接肩膀),一般由小臂和大臂组成,通常可带动腕部做平面运动。

(4) 机器人的腰部,相当于人的躯干,是连接臂部和基座的回转部件,它的凹转运动和臂部的平面运动,就可以使腕部做空间运动。

(5) 机器人的基座,是整个机器人的支撑部件,它相当于人的两条腿,要具备足够的稳定性和刚度,有固定式和移动式两种类型。在移动式的类型中,有轮式、履带式和仿人形机器人的步行式等。

2. 机器人的驱动—传动系统

机器人的驱动—传动系统是将能源传送到执行机构的装置。其中,驱动机构包括电动机(直流伺服电动机、交流伺服电动机和步进电动机)、气动和液动装置(压力泵及相应控制阀、管路);传动机构包括谐波减速器、滚珠丝杠、链、带及齿轮等传动装置。

机器人的能源按其工作介质,可分为气动、液动、电动和混合式四大类,在混合式中,有气—电混合式和液—电混合式。液压驱动就是利用液压泵对液体加压,使其具有高压势能，然后通过分流阀(伺服阀)推动执行机构进行动作，从而达到将液体的压力势能转换成做功的机械能。液压驱动的最大特点是动力比较大，力和惯性力矩比较大，且反应快，比较容易实现直接驱动，特别适用于要求承载能力和惯性大的场合。其缺点是多了一套液压系统，对液压元件要求高，否则容易造成液体渗漏，且噪声较大，对环境有一定的污染。

气压驱动的基本原理与液压驱动的相似。其优点是工质(空气)来源方便、动作迅速、结构简单、造价低廉、维修方便。其缺点是不易进行速度控制、气压不宜太高、负载能力较低等。

电动驱动是当前机器人使用得最多的一种驱动方式，其优点是电源方便，响应快，信息传递、检测、处理都很方便，驱动能力较大。其缺点是因为电动机转速较高，必须采用减速机构将其转速降低，从而增加了结构的复杂性。目前，一种不需要减速机构可以直接用于驱动、具有大转矩的低速电动机已经出现，这种电动机可使机构简化，同时可提高控制精度。

机器人的驱动—传动系统相当于人的消化系统和循环系统，可保证机器人运行的能量供应。

3. 机器人的控制系统

机器人的控制系统是由控制计算机及相应的控制软件和伺服控制器组成的，它相当于人的神经系统，是机器人的指挥系统，用于对执行机构发出动作的命令。不同发展阶段的机器人和不同功能的机器人，所采取的控制方式和水平是不相同的，例如在工业机器人中，有点位控制和连续控制两种方式。最新和最先进的控制技术是智能控制技术。

4. 机器人的智能系统

所谓智能，简而言之，是指人的智慧和能力，即人在各种复杂条件下，为了达到某一目的而能够做出正确的决断，并且成功实施。在机器人控制技术方面，科学家一直试图将人的智能引入机器人控制系统，以形成其智能控制，实现在没有人的干预下，机器人能自主控制的目的。

4.4.3　机器人的设计分析

在进行运动设计、动力设计和强度结构设计时，需要进行大量的分析计算。随着机构的复杂程度的增加和设计要求的提高，分析计算变得越来越困难，甚至在很多情况下无法解析求解。有限元分析技术和 CAE 软件的出现，为机械设计提供了高效、可靠的分析手段。

1. 有限元分析

有限元分析的基本思想是将结构离散化，用有限个容易分析的单元来表示复杂的对象，单元之间通过有限个节点相互连接，然后根据变形协调条件综合求解。由于单元的数目是有限的，节点的数目也是有限的，所以称为有限元法。这种方法灵活性很大，只要改变单元的数目，就可以使解的精确度改变，得到与真实情况无限接近的解。

有限元分析利用数学近似的方法对真实物理系统(几何和载荷工况)进行模拟，利用简单而又相互作用的元素，即单元，就可以用有限数量的未知量去逼近无限未知量的真实系统。有限元分析是用较简单的问题代替复杂问题后再求解，将求解域看成是由许多称为有限元的小的互连子域组成的，对每一单元假定一个合适的（较简单的）近似解，然后推导求解这个域的满足条件（如结构的平衡条件），从而得到问题的解。但这个解不是准确解而是近似解，因为实际问题被较简单的问题所代替。由于大多数实际问题难以得到准确解，而有限元分析不仅计算精度高，而且能适应各种复杂情况，所以成为行之有效的工程分析手段。

2. CAE

计算机辅助工程（Computer Aided Engineering，CAE）是用计算机辅助求解复杂工程和产品结构强度、刚度、屈曲稳定性、动力响应、热传导、三维多体接触、弹塑性等力学性能的分析计算以及结构性能的优化设计等问题的一种近似数值分析方法。

CAE 从 20 世纪 60 年代初在工程上开始应用到今天，已经历了 60 多年的发展历史，其理论和算法都经历了从蓬勃发展到日趋成熟的过程，现已成为工程和产品结构分析中（如航空、航天、机械、土木结构等领域）必不可少的数值计算工具，同时也是分析连续力学各类问题的一种重要手段。随着计算机技术的普及和不断提高，CAE 系统的功能和计算精度都有很大提高，各种基于产品数字建模的 CAE 系统应运而生，并已成为结构分析和结构优化的重要工具，同时也是计算机辅助 4C 系统（CAD/CAE/CAPP/CAM）的重要环节。

CAE 系统的核心思想是结构的离散化，即将实际结构离散为有限数目的规则单元组合体，实际结构的物理性能可以通过对离散体进行分析，得出满足工程精度的近似结果来替代对实际结构的分析，这样可以解决很多实际工程需要解决而理论分析又无法解决的复杂问题。其基本过程是将一个形状复杂的连续体的求解区域分解为有限的形状简单的子区域，即将一个连续体简化为由有限个单元组合的等效组合体；通过将连续体离散化，把求解连续体的场变量（应力、位移、压力和温度等）问题简化为求解有限的单元节点上的场变量值。此时得到的基本方程是一个代数方程组，而不是原来描述真实连续体场变量的微分方程组。求解后得到近似的数值解，其近似程度取决于所采用的单元类型、数量以及对单元的插值函数。采用 CAD 技术来建立 CAE 的几何模型和物理模型，完成分析数据的输入，通常此过程称为 CAE 的前处理。同样，CAE 的结果也需要用 CAD 技术生成形象的图形输出，如生成位移图、应力、温度、压力分布的等值线图，表示应力、温度、压力分布的彩色明暗图，以及随机械载荷和温度载荷变化生成位移、应力、温度、压力等分布的动态显示图，这一过程称为 CAE 的后处理。针对不同的应用，也可用 CAE 仿真模拟零件、部件、装置（整机）乃至生产线、工厂的运动和运行状态。

4.5　自动化与机器人工程

4.5.1　自动化的概述

整个人类社会的发展历史，也可以说是人类利用各种控制手段获取能量进而改造外界环境的历史。有学者认为，从控制论的观点出发，人类社会发展至今已经经历了两个时代，即人力时代和机械化时代，现在开始步入第三个时代——自动化时代。这里时代划分的依据是人类在开发、利用能量变换和信息变换的不同方式。

人力时代又叫人工时代、手工时代。在蒸汽机、发电机等动力机械发明之前，那漫长的岁月中，人类只能利用自身的体力获取所需的能量，依靠自身的肌体和大脑来完成能量变换和信息变换，所以称之为人力时代。后来，人类逐步懂得了钻木取火、炼铜炼铁，改善生产工具，开始有了人类文明。但是由于人类自身客观生理条件的限制，能量转换的功率和范围都极其有限，纵有九牛二虎之力，也不可能使这些生产工具实现昼夜不停的工作。历时数万年的人工时代直到 1788 年才宣告结束，这一年英国人瓦特改进的蒸汽机在工业中得到应用，自此人类社会进入了机械化时代。

当蒸汽机、发电机出现之后，对几十吨、上百吨重的货物，人只需要用按一个电钮的"力气"，就可以把它移动到所要希望达到的地方，而且这些机器可以不间断地保持着"精力充沛"的状态工作着。现代化的电网，可以瞬间输送几十万、几百万千瓦的电能到数千公里之外，这在机械化时代之前都是无法想象的事情，人类的"力气"不知被放大多少亿倍，人类的"力臂"不知不觉被延长到几千公里之外！

自动化时代的到来得益于电磁波的发现和电子管、半导体、集成电路、无线电以及电子计算机等的先后问世，这些技术几乎同步解决了信息变换的速度问题。伴随着这些技术的先后问世，控制这门科学也开始正式被确立起来，并且取得了长足的发展，客观上也为自动化时代的到来做好了理论准备。

在自动化时代中，能量变换和信息变换都可由机器来完成。凡是需要能量变换的地方，都会有相应的信息变换与之相匹配，即在人类活动所见的空间，只要需要用"力"的地方，一般都会给它配上一个小的"脑袋"——单片机或微处理器之类的小芯片。于是，不仅工业生产自动化了，甚至是在农业生产、家务劳动、交通运输、人居环境等人类已知规律的领域，都可以利用自动化技术来完成一些特定任务。

在生活中，自动化技术每时每刻也都在发挥着巨大的作用。事实上，自动化并非是什么高深莫测的概念，在日常生活中有很多东西体现了自动化的原理。小到抽水马桶，大到航天飞机、宇宙飞船，都是自动化应用的具体体现。

说到抽水马桶，或许读者不禁要问，这么简单的东西与自动化有什么关系呢？使用完抽水马桶以后，按下后面的按钮，水箱内的水就会将马桶冲洗干净，并且水箱内的水位将会恢复原来的水位，此时水箱会停止进水。稍稍分析一下抽水马桶的工作原理就会发现，这个简单的生活装置体现了自动化技术中一个非常重要的原理，那就是负反馈控制。

除此之外，现在已经进入寻常百姓家的洗衣机也是个非常典型的自动化装置，并且也更能体现自动化技术在将人从繁重的体力劳动中解放出来中所发挥的巨大作用。有人甚至认为，以洗衣机为代表的诸多自动化装置如吸尘器、微波炉、电饭煲等，不仅起到了解放人的双手的作用，而且也深刻改变了这个社会的结构。很多原来需要由家庭主妇完成的工作，如今人们只需要借助这些日用电器就可以轻而易举地实现，从而使她们从中解放出来，步入社会，参与社会变革。这又是自动化技术发展对时代发展推动作用的一个体现。

空调是现代生活中常见的家用电器，很难想象在今天的城市生活中少了空调会是怎样一种情景。这个用来调节小气候的装置，也是自动化技术发展的产物。当设定好温度之后，空调中的温度传感器会定时测量周围环境的温度并且与设定的温度做比较，并以此为根据判断下一步应该是制冷（热）还是暂停。而这也是反馈控制一个非常典型的案例。

除了家庭生活中用到了大量的自动化装置，当人们走出家门，也能看到很多自动化技术的具体应用，例如地铁站中的自动售卖机，大街小巷都能看到的销售饮料的自动售货机等，而更常见的莫过于电梯了。此外，能感知人的到来而自动打开的自动门也非常普遍。

以上所有的实例表明，自动化技术在人们日常生活中可谓是大显身手，而且自动化技术有着远比上面描述的要广泛得多的应用范围。在现代社会中，自动化技术已被广泛用于工业、农业、军事、科学研究、交通运输、商业、医疗、服务和家居等方面。

工业生产中的很多流水线装置就是自动化技术的产物，人只需要完成比较简单和轻松的那部分工作，如编排指令等，大部分工作则由机器来完成。工业自动化是自动化技术发展的起源和最初的应用领域之一。

大规模的联合收割机，导弹跟踪和打击，智能交通控制系统，"神舟七号"飞天成功等，都是自动化技术广泛应用的实例。生产过程自动化和办公室自动化可极大地提高社会生产率和工作效率，节约能源和原材料消耗，保证产品质量，改善劳动条件，改进生产工艺和管理体制，加速社会产业结构的变革和社会信息化的进程。由此我们也可以切实地体会到自动化时代的到来，并且也能感受到自动化技术给时代带来的巨大变革。自动化是新技术革命的一个重要方面，它的研究、应用和推广，对人类的生产、生活等方式将产生深远影响。

现代生产和科学技术的发展，也对自动化技术提出了越来越高的要求，同时也为自动化技术的革新提供了必要条件。20 世纪 70 年代以后，自动化开始向复杂的系统控制和高级的智能控制发展，并广泛地应用到国防、科学研究和经济等各个领域，用于实现更大规模的自动化，如大型企业的综合自动化系统、全国铁路自动调度系统、国家电力网自动调度系统、空中交通管制系统、城市交通控制系统、自动化指挥系统、国民经济管理系统等。自动化的应用正从工程领域向非工程领域扩展，如医疗自动化、经济管理自动化等。此外，自动化将在更大程度上模仿人的智能。机器人已在工业生产、海洋开发和宇宙探索等领域得到应用，专家系统在医疗诊断、地质勘探等方面取得显著效果。工厂自动化、办公自动化、家居自动化和农业自动化将成为新技术革命的重要内容，并得到迅速发展。

1. 控制与自动控制

在了解了上述控制对生活的影响，自然就会产生这样一个问题：究竟什么是控制呢？结合上面的实例加以抽象可知，所谓控制（Control），是指为了改善系统的性能或达到特定的目的，通过信息的采集和加工而施加到系统的作用。也就是说，控制是主体为了达到某种目的（目标）而使用的基本手段。信息是控制的基础，发挥控制作用的系统被称为控制系统（Control System），控制系统一般不单独存在，而是复杂大系统的一个分系统。

与控制密切相关的另一个概念就是自动控制。自动控制（Automatic Control）是指在无人直接干预的情况下，利用外加的设备或装置（简称控制装置或控制器），使机器、设备或生产系统等（可在广义上统称为被控对象）的某一工作状态、参数（称为被控量，如温度、pH 值、产值等）或某过程自动、准确地按照预期的规律运行。与此相对应的系统称为自动控制系统（Automatic Control System），它是为了实现上述控制目的，由相互制约的各部分按一定规律组成的具有特定功能的有机整体。

结合上面提到的几个实例，可以看到这些自动控制系统的组成中都包含了以下部分：

（1）检测比较装置。检测比较装置主要用于获得被控量的实际输出，并且计算该量值与主体要达到的目标之间的差，如人手取杯子过程中的"眼睛＋大脑"就共同组成一个检测比较装置。

（2）控制器。控制器主要是用来决定应该怎样做，如人手取杯子过程中的大脑相当于控制器，它向手臂发出运动方向和速率快慢的信号，该信号又称为控制量。

（3）执行机构。执行机构主要完成控制器下达的决定（指令），如取杯过程中的手臂。

（4）被控量。被控量是被控对象的某些实际输出量，如手的空间位置。

自动控制是相对人工控制概念而言的。自动控制技术的研究有利于将人类从复杂、危险、烦琐的劳动环境中解放出来，并大大提高控制效率。自动控制是工程科学的一个分支，也是 20 世纪中叶产生的控制论的一个分支，其基础理论是由维纳和卡尔曼等科学家提出的。它主要研究如何利用反馈原理对动态系统的行为产生影响，以使系统按人们期望的规律运行。从研究方法的角度看，它则以数学理论为基础。

需要注意并理解的是，控制的内涵非常广泛，并不仅仅限于对人造系统的控制。例如计划生育就是对社会系统的控制；通过一定方式改变天气就是对自然系统的控制；而人抓取物品的过程属于对生物系统的控制。从严格意义上来说，这些控制并不属自动控制的范畴。

2. 反馈与前馈

所谓反馈（Feedback），就是把系统的输出量（信号/信息）的部分或全部取出并回送到输入端，与输入信号相比较以产生偏差信号，再对系统以后的输出产生影响的过程。此即反馈原理。

前面讲到的抽水马桶、空调、取杯等都应用了反馈原理。

根据反馈信号和参考输入信号极性的不同，反馈可分为两种类型。

（1）负反馈（Negative Feedback）。反馈信息的作用与控制信息的作用方向相反，对控制部分的活动起制约或纠正作用的，称为负反馈。负反馈的优点是可以维持系统的稳态，缺点是会引起系统输出的滞后、波动。

（2）正反馈（Positive Feedback）。反馈信息的作用与控制信息的作用方向相同，对控制部分的活动起增强作用的，称为正反馈。正反馈的优点是加速控制过程，使被控对象的活动发挥最大效应，缺点是容易造成系统不稳定，甚至会造成系统崩溃。

与反馈相对应，前馈（Feedforward）是使控制对象根据可测的扰动而形成的命令动作的控制方式。因为没有反馈控制中所必需的系统输出量检测器，即使出现误差，也无法修正。自动控制系统主要是基于反馈原理建立起来并发挥作用的。

3. 自动控制与自动化

前面既讲到了自动控制又提到了自动化。那么到底什么是自动化呢？自动化和自动控制有什么区别呢？

"自动化（Automation）"一词最早是由美国人哈德尔（D. S. Harder）于 1946 年提出的。他认为在一个生产过程中，机器之间的零件转移不用人去搬运就是"自动化"。作为一个动态发展的概念，如今，自动化早已超越了哈德尔当初的定义。自动化的本质是机器或设备在无人干预的情况下，按照规定的程序或指令进行操作和运行以达到预定的效果。或者说自动化是相对手工作业而言的一个名词，是指采用能自动开/停、检测、调节、控制和加工的机器/设备进行作业，以代替人的手工作业的措施。广义地讲，自动化包括了模拟或再现人的智能活动。

自动化主要研究的是人造系统的控制及实现问题，人们一般提到自动控制，通常是指工程系统的控制，在这个意义上，自动化和自动控制是相近的。因此，在控制能发挥作用的社会、经济、生物、环境等非人造系统中，是很难实现自动控制及自动化的。

自动化技术已被广泛用于工业、农业、军事、科学研究、交通运输、商业、医疗、服务和家居等领域。采用自动化技术不仅可以把人从繁重的体力劳动、脑力劳动以及恶劣危险的工作环境中解放出来，而且能扩展人的器官功能，极大地提高劳动生产率，增强人类认识世界和改造世界的能力。因此，自动化是实现工业、农业国防和科学技术现代化的重要条件和显著标志。

自动化技术是一门涉及学科较多、应用非常广泛的综合性科学技术，或者说，是一个技术群，如电力电子技术、通信与网络技术、计算机与信息处理技术、微电子技术等。因此，自动化是人类社会走向信息化的重要基础。

4. 反馈与调节

所谓调节（Regulation），是指通过系统的反馈信息自动校正系统的误差，使一些参数如温度、速度、压力和位置等，在一定的精度范围内按照要求的规律变化的过程。调节须以反馈为基础，而控制则可以不包括反馈的控制。

4.5.2　自动化与机器人工程

机器人是多学科技术合成的产物。而自动化仍然是机器人的核心技术，对机器人的研究和发展起着举足轻重的作用。下面就机器人所涉及的自动化技术作简单介绍。

1. 变结构控制与学习控制

对于固定位置的机器人，无论是简单的机械手，还是复杂的多机器人协调运动，其运动控制由于固有的非线性和结构的柔性而变得非常复杂。多关节机械手是一个典型的非线性对象，传统的反馈控制很难保证其控制精度。变结构滑动模控制一直是机器人控制研究的重点，因其直观上的合理性而得到特别的重视。但是，由于滑动模切换容易引起局部震颤，所以在高精度定位控制中很难奏效。近年来关于滑动模控制又有新的进展，自适应滑动模控制等新的方法对传统的方法做了重要的改进。其次，在许多场合中，特别是装备机器人工作的场合，这种运动往往是重复的动作。轨迹规划、学习控制等是适合这类对象的控制方法。有关柔性杆的控制则变得更加复杂。

2. 机器视觉与机器智能

在机器听觉、机器视觉和机器触觉等研究中，对机器视觉的研究是最有挑战性的。如何获取场景和目标的图像信息，并把其处理成机器能够理解的特征或模式，是机器智能中非常困难的研究课题。现在，机器视觉的研究已经取得了重大进展，关于图像分割特征提取、模式分类等关键技术都取得了长足进展。关于人体特征识别、运动目标视觉跟踪、三维视觉图像重构等技术也有了新的发展。一个机器智能广泛应用于生产过程和日常生活的时代即将到来。

3. 智能控制与信息融合

移动机器人是机器人研究的热点之一，分为室外智能移动机器人和室内智能机器人两大类。室外智能移动机器人所涉及的关键技术包括移动机器人的控制体系结构、机器人视觉信息的实时处理、车体的定位系统、多传感器信息融合技术，以及路径规划技术与车体控制技术等。由于室外移动机器人不但在军事上存在特殊的应用价值，而且在公路交通运输中有着广泛的应用前景，因此引起世界各国的普遍重视。在这方面，美、德、法、日等国走在世界的前列。所谓路径规划导航与控制，就是根据运动目标以及传感器对周围环境进行信息检测，对移动机器人的运动路径进行规划，并按规划的路径进行导航与控制。所谓多传感器信息融合，就是对于各种(同类或异类)传感器获取的不同信息进行联合处理，以获得准确性更高、更具有利用价值的综合信息。

机器人涉及自动化技术的方方面面。工业机器人控制系统一般是以机器人的单轴或多轴协调运动为控制目的的系统，与一般的伺服系统或过程控制系统相比，工业机器人控制系统有如下特点。

(1) 机器人的控制与机构运动学、动力学密切相关。根据给定的任务，应当选择不同的基准坐标系，并作适当的坐标变换，经常要求解运动学正问题和逆问题。除此之外还要考虑各关节之间惯性力、哥氏力等的耦合作用以及重力负载的影响。

(2) 描述机器人状态和运动的数学模型是一个非线性模型，随着状态的变化，其参数也在变化，各变量之间还存在耦合。因此，仅仅利用位置闭环是不够的，还要利用速度闭环，甚至加速度闭环。系统中还经常采用一些控制策略，比如重力补偿、前馈、解耦或自适应控制等。

(3) 机器人控制系统是一个多变量控制系统。即使一个简单的工业机器人也有 3~5 个自由度。每个自由度一般包含一个伺服机构，多个独立的伺服系统必须有机地协调起来。例如机器人的手部运动是所有关节运动的合成运动，要使手部按照一定的规律运动，就必须很好地控制各关节协调动作，包括运动轨迹、动作时序等多方面的协调。

(4) 具有较高的重复定位精度。除直角坐标机器人以外，机器人关节上的位置检测元件不能安放在机器人末端执行器上，而是放在各自的驱动轴上，因此是位置半闭环系统。但机器人的重复定位精度较高，一般为 0.1 mm。

(5) 系统的刚性要好。由于机器人工作时要求运动平稳，不受外力干扰，为此系统应具有较好的刚性，否则将造成位置误差。

(6) 位置无超调，动态响应尽量快。机器人不允许有位置超调，否则将可能与工件发生碰撞。加大阻尼可以减少超调，但却降低了系统的快速性，所以进行设计时要根据系统要求权衡。

(7) 需采用加(减)速控制。过大的加(减)速度都会影响机器人运动的平稳，甚至会发生抖动，因此在机器人启动或停止时需采取加(减)速控制策略。通常采用匀加(减)速运动指令来实现。

(8) 从操作的角度来看，要求控制系统具有良好的人机界面，尽量降低对操作者的要求。因此，在多数情况下，要求控制器的设计人员不仅要完成底层伺服控制器的设计，而且还要完成规划算法的编程。

(9) 工业机器人还有一种特有的控制方式，即示教再现控制方式。当需要工业机器人完成某作业时，可预先移动工业机器人的手臂，来示教该作业顺序、位置以及其他信息，在执行任务时，依靠工业机器人的动作再现功能，可重复进行该作业。

总而言之，工业机器人控制系统是一个与运动学和动力学原理密切相关的、有耦合的、非线性的多变量控制系统。随着实际工作情况的不同，可以采用各种不同的控制方式。

　　根据不同的分类方法，机器人控制方式可以有不同的类型。从总体上来看，机器人的控制方式可以分为动作控制方式和示教控制方式；按照被控对象的不同，可以分为位置控制、速度控制、力控制、力矩控制、力位混合控制等。

4.6　计算机与机器人工程

　　机器人是可编程机器，其通常能够自主地或半自主地执行一系列动作。许多机器人只是简单地、周而复始地执行同一程序，并不能自己做出判断，例如机器人乐队、跳舞机器人等。而人工智能是计算机科学的一个分支，其通过 AI 算法可以学习、感知、解决问题，进行语言理解或逻辑推理。

　　具有"人工智能"的机器人可以根据临时出现的随机状况进行判断并做出合理反馈，比如扫地机器人在遇到障碍物时能自行避开。人工智能和机器人一个是系统，靠算法实现，另外一个是实体，也依靠一些设定好的语言进行交流。也可以说，机器人是人工智能的一个载体。人工智能可笼统地分为强人工智能与弱人工智能。目前我们所见到的还是弱人工智能，只能专注于某一领域，比如网站的人工智能客服只能回答数据库中的问题，当然随着数据库内容的丰富，回答的准确率也会进一步提升。

4.6.1　人工智能与机器人工程

　　智能，会让我们联想到智力，它赋予了我们人类在生命形式中的特殊地位。但什么是智力？如何测量智力？大脑是如何工作的？当我们试图理解人工智能时，所有这些问题都是有意义的。然而，对工程师来说，尤其是对人工智能专家来说，核心问题是如何研究出表现得像人一样智能的智能机器。

　　1955 年，人工智能的先驱之一约翰·麦卡锡，首次将人工智能一词定义为：人工智能是开发出行为像人一样的智能机器。

　　1983 年，在《大英百科全书》中可以找到这样的定义：人工智能是数字计算机或计算机控制的机器人，拥有解决通常与人类更高智能处理能力相关的问题的能力。

　　1991 年，伊莱恩·里奇在《人工智能》一书中给出的人工智能的定义为：人工智能是研究如何让计算机去做人们日常擅长的事情。此定义简洁明了地描述了人工智能研究人员在过去 50 年里一直在做的事情，即使到了 2050 年，这一定义也将是有效的。从里奇的定义可以看出，人工智能只关心智能过程，这样做实际上是很危险的。也可以看出，智能体系的构建离不开对人类推理和一般智能行为的深刻理解，因此神经科学对人工智能非常重要。

　　人工智能的知识领域广泛而多样，各个领域的方法和思想又彼此借鉴。随着科学技术和配套体系的发展成熟，人工智能的知名度也在不断地增加。从技术应用的角度出发，人工智能的研究领域包括机器学习、自然语言理解、专家系统、智能规划、模式识别、机器人、自动定理证明、自动编程、分布式人工智能、游戏、计算机视觉、软计算、智能控制等。人工智能与机器人示意如图 4-10 所示。

　　最早的机器智能可分为"人工智能"（Artificial Intelligence，AI）和"增强型智能"（Enhanced Intelligence，EI）后来，这两个概念被统一起来，称为人工智能。如今，人工智能分为三类，即弱人工智能、强人工智能和超人工智能。

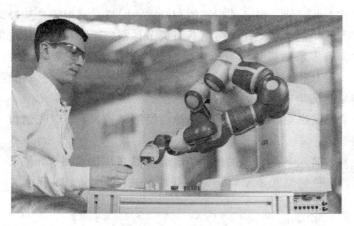

图 4-10　人工智能与机器人

　　弱人工智能是指仅擅长某个应用领域的人工智能，超出特定领域则无有效解决的能力；强人工智能是指达到人类水平的人工智能，在各方面可与人类相提并论，且无法简单地对人类与机器进行区分；超人工智能是指人工智能在创新、创意、创作领域超越人类，并能解决人类解决不了的问题。

　　从人工智能的应用场景来看，目前的人工智能仍是以具体应用领域为主的弱人工智能，其内容和相关领域包括机器视觉、专家系统、智能工厂、智能控制、智能搜索、机器人、自动规划、无人驾驶、定理证明、棋类博弈、遗传编程、语言识别、自然语言处理等。1997年，击败了国际象棋世界冠军的超级计算机"深蓝"也是弱人工智能，尽管这一事件被一些人称为"人工智能历史上的里程碑事件"。

　　强人工智能的观点认为，有可能制造出真正能推理和解决问题的智能机器，并且，这样的机器将是有知觉的、有自我意识的。强人工智能可以分为两类：一类是类人的人工智能，就是机器的思想和推理就像人的思维一样；另一类是非类人的人工智能，也就是机器产生完全不同的感觉和意识，使用与人完全不同的推理方法。

　　弱人工智能的观点则认为不可能创造出这样的智能机器。这些机器只是看起来智能，但没有智慧，不会有自主意识。至于未来是否可以创造一个真正的强人工智能，只要在"意识"和"精神"上没有突破，无论是类人还是非类人的"智慧"，"人工智能"都可能只是一个美丽的、拟人化的比喻。

　　不同于工业机器臂，人工智能机器人会对本地环境进行导航和探索，具有明显的智能，很多时候是为了完成特定任务或作为特定角色的，如探索机器人、家用机器人、搜救机器人等。人工智能机器人是机器人技术与 AI 之间的桥梁。这些是由 AI 程序控制的机器人。若想让机器人执行更复杂的任务，则必须使用 AI 算法。一个仓储机器人可以使用路径搜索算法来浏览周围的仓库。无人机快要用完电池时，可能会使用自主导航返回家中。自动驾驶汽车可能会结合使用 AI 算法来检测并避免道路上的潜在危险。向焊接机器人添加激光传感器，机器视觉属于感知类别，通常需要 AI 算法，这些都是人工智能机器人的例子。

4.6.2　深度学习与机器人工程

　　深度学习的概念源于对人工神经网络的研究，是一种实现机器学习的技术。神经网络的原理源于我们大脑的生理结构，也就是互相交叉相连的神经元。但与大脑中一个神经元可以连接一定距离内的任意神经元不同，人工神经网络具有离散的层、连接和数据传播的方向。深度学习本质上是构建含有多层的机器学习架构模型，通过大规模数据进行训练，得到大量更具代表性的特征信息，从而对样本进行分类和预测，提高分类和预测的精度。这个过程是通过深度学习模型来达到特征学习的目的的。

简单来说，深度学习就是采用层次更深、更加复杂的神经网络结构。下面首先通过一个例子来解释什么是神经网络。

例如一个房屋价格预测问题。输入 x 是房屋的面积，输出 y 是房屋的价格。如果要预测价格与面积的关系，最简单的一种模型就是 y 与 x 近似线性相关，如图 4-11 所示。

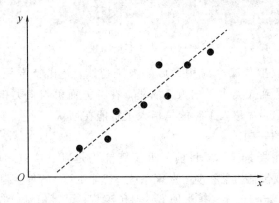

图 4-11　房屋价格预测图

图 4-11 中实心圆表示真实样本的价格与面积分布，虚线表示预测线性模型。这种最简单的线性模型被称为线性感知机模型。线性感知机模型的基本结构如图 4-12 所示。

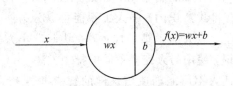

图 4-12　线性感知机模型

图 4-12 中，w 为权重（Weights）系数，b 为偏移量（Bias）。线性感知机模型表征了房屋价格与单一变量（房屋面积）的线性关系。单个神经元（Neuron）与线性感知机的基本结构非常类似，只是在线性的基础上增加了非线性单元，目的是让模型更加复杂。

从最初的简单工业机器人到现在的集机械、控制、计算机、传感器、人工智能等多种先进技术于一体的现代制造业重要的自动化装备，机器人在不断发展和完善。智能机器人是伴随着"人工智能"的提出而发展的，它的根本目的是让计算机模拟人的思维。人工智能（AI）是研究使计算机具有人类的某些行为特征的科学，包括知识、推理、常识、学习和决策制定等，涉及很多算法和模型，如线性判别分析（LDA）、时序差分模型（TDM）、Adaboost 等。机器学习也是人工智能领域的一个分支，深度学习（Deep Learning，DL）是一个复杂的机器学习算法，在被引入机器学习后也更接近人工智能了。深度学习也是一种快速训练深度神经网络的算法，具有很强的特征学习能力，它采用逐层训练的方法缓解了传统神经网络算法在训练多层神经网络时出现的局部最优问题。基于这些特征，深度学习在图像识别、语音识别、自然语言处理、工业过程控制等方面具有独特的优势。将深度学习与智能机器人相结合，不仅使机器人在自然信号处理方面的潜力得到了提高，而且使它拥有了自主学习的能力，每个机器人都在工作中学习，且数量庞大的机器人可并行工作，然后分享它们学到的信息，相互促进学习，如此必将带来极高的学习效率，极快地提升机器人工作准确度，并且还省略了烦琐的编程。

深度学习是学习样本数据的内在规律和表示层次，这些学习过程中获得的信息对诸如文字、图像和声音等数据的解释有很大的帮助。它的最终目标是让机器能够像人一样具有分析学习能力，能够识别文字、图像和声音等数据。由于深度学习算法能够让机器具有很好的分析学习能力，将它应用在机器人领域，使机器人拥有像人一样的分析能力将是可以实现的方向。基于深度学习算法的机器人具有高复杂度和高性能，在应用方面也更广泛，国内外对相关技术的研究热情也居高不下。深度学习的原型出现在 20 世纪 80 年代末，彼时利用人工神经网络的反向传播算法（BP 算法）可以让一个人工神经网络模型从大量训练样本中学习出统计规律，从而对未知事件做预测，这也使当时的社会开启了机器浅层学习的浪潮。

在实际应用中，机器人在文字位置检测时，需要提取文字信息，很多时候会碰到文字粘连的情况。这时就需要使用残缺粘连的文字区域图片来训练神经网络，这样不仅可以得到文字位置，还可以避免漏检问题。在物体识别以及大尺寸自然场景图像的处理过程中，可以使卷积神经网络和超像素分别与深度玻尔兹曼机相结合，其中利用卷积神经网络对大尺寸场景图像进行预处理得到卷积特征后，首先将结果作为深度玻尔兹曼机的可视层输入，进行特征提取，然后利用 Softmax 分类器实现场景的分类。超像素是首先由简单线性迭代聚类算法对图像进行预处理，然后将在距离以及颜色上相似的像素点聚集而形成的，能使得到的图像轮廓更清晰，也就可以处理复杂场景图；再类似前面将每个超像素作为深度玻尔兹曼机的可视层节点，进行特征提取，利用 Softmax 分类器进行特征分类。采用此方法很适合用于室外场景的识别。

在室内场景中，需要实现室内三维地图与语义信息的关联，使用分散模块化技术使机器人能够同时进行场景物体识别与地图重建，从而实现其室内识别功能。在基于 RGB-D 信息的三维场景构建技术的基础上，利用图像像素局部的八连通结构，融合深度优先算法优化原始深度图，并通过采用随机抽样一致（RANSIC）算法改进的迭代最近点（ICP）位姿估计方法进行环境地图的三维重建；同时引入基于卷积深度学习模型的物体识别系统，实现对室内环境物品的识别与分类；并且采用分散模块化技术对整体系统进行改进，提高系统的实时性和系统功能集成、扩展与升级的灵活性；最后针对分散模块化后出现的系统信息处理不同步的问题，提出增加同步标识的方法，将识别与重建两个处理进程并行统一于分散模块化机器人系统。使用这种方法就能解决机器人在室内重建可靠的环境地图的问题。

4.6.3　机器视觉与机器人工程

人类是通过眼睛和大脑来获取、处理与理解视觉信息的。周围环境中的物体在可见光照射下，在人眼的视网膜上形成图像，由感光细胞将其转换成神经脉冲信号，并经神经纤维传入大脑皮层进行处理与理解。所以说，视觉不仅是指对光信号的感受，还包括对视觉信息的获取、传输、处理与理解的全过程。

　　随着信号处理理论和计算机技术的发展，人们试图用摄像机获取环境图像并将其转换成数字信号，用计算机实现对视觉信息处理的全过程，这样就形成了一门新兴的学科——计算机视觉。计算机视觉的研究目标是使计算机具有通过一幅或多幅图像认知周围环境信息的能力。这使计算机不仅能模拟人眼的功能，更重要的是使计算机完成人眼所不能胜任的工作。机器视觉建立在计算机视觉理论基础上，偏重于计算机视觉的技术工程化应用。与计算机视觉研究的视觉模式识别、视觉理解等内容不同，机器视觉重点在于感知环境中物体的形状、位置、姿态、运动等几何信息。

　　机器视觉系统主要由三部分组成：图像的获取、图像的处理和分析、图像的输出或显示。图像的获取实际上是将被测物体的可视化图像和内在特征转换成能被计算机处理的一系列数据；它主要由三部分组成：① 照明；② 图像聚焦形成；③ 图像确定和形成摄像机输出信号。视觉信息的处理技术主要依赖于图像处理方法，包括图像增强、数据编码和传输、平滑、边缘锐化、分割、特征抽取、图像识别与理解等。经过这些处理后，输出图像的质量得到相当程度的改善，既改善了图像的视觉效果，又便于计算机对图像进行分析、处理和识别。机器视觉应用示例如图 4-13 所示。

　　图 4-13(a) 为工业相机在铸造模具检测上的应用。铸造模具的缺陷在线检测，是指安装在冲床或者模具周边的辅助检测设备，通过在规定时间内检测模具的表面缺陷，以判断模具是否达标，从而为下一轮生产做准备。该设备主要由两大部分构成，分别为运动系统及视觉系统。运动系统包括 X 轴运动模组、Y 轴运动模组、Z 轴运动模组及设备支撑系统；视觉系统采用 Cognex 工业视觉系统，摄像头固定于运动系统的 Y 轴运动模组前端，通过运动系统控制转换视觉系统的位置，采集模具表面的残留物情况，并与标准图像进行对比，由计算机得出结论，实现模具表面的质量检测。图 4-13(b) 为基于颜色特征的物体识别系统对不同颜色的物体分别进行提取和识别。该系统是一种基于视觉识别的多颜色马赛克颗粒分选机构，包括振动滑道，依序设置在振动滑道马赛克移动方向的第一马赛克检测器、摄像头和分拣机构，微电脑控制装置。当马赛克颗粒在振动滑道上滑行至马赛克检测器时，第一马赛克检测器将检测到的马赛克信号反馈给微电脑控制装置，微电脑控制装置开始控制摄像头工作，通过相应的程序配置可让摄像头每秒输出 15 帧图像数据并传输到微电脑控制装置。微电脑控制装置提取图像中马赛克颗粒所在区域的颜色，并将颜色数据转换成 RGB 值，通过与数据库中已测得的不同颜色马赛克颗粒的 RGB 值进行对比即可识别图像中的马赛克颗粒颜色。如果检测到的不是我们需要的马赛克颜色，则微电脑控制装置将控制分拣机构将该马赛克分拣出来。

　　机器人视觉系统主要是利用颜色、形状等信息来识别环境目标的。以机器人对颜色的识别为例：当摄像头获得彩色图像以后，机器人上的嵌入计算机系统首先将模拟视频信号数字化，将像素根据颜色分成感兴趣的像素（搜索的目标颜色）和不感兴趣的像素（背景颜色）两部分；然后，对这些感兴趣的像素进行 RGB 颜色分量的匹配。为了减少环境光强度的影响，可把 RGB 颜色空间转化到 HIS 颜色空间。

　　在足球机器人的彩色视觉系统中，程序是根据贴在机器人小车顶上的色标来识别机器人是属于哪一队以及是几号队员的。由于在每个机器人小车顶上有两种颜色的色标，分别是队标和队员标。因此，识别工作的第一步是把图像中的每一个像素，根据颜色分类到一组离散的色彩类中。

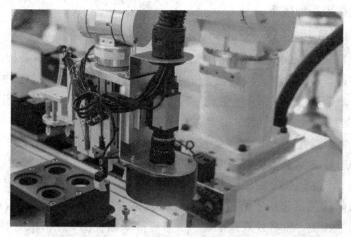

(a) 工业相机检测铸造模具

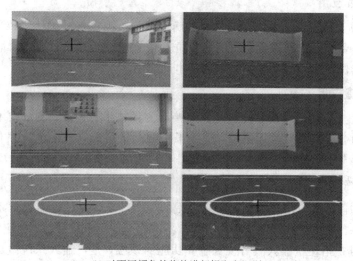

(b) 对不同颜色的物体进行提取和识别

图 4-13　机器视觉应用示例

　　如今，自动化技术在我国发展迅猛，人们对于机器视觉的认识更加深刻，对于它的看法也发生了很大的转变。机器视觉系统提高了生产的自动化程度，让机器人工作于不适合人工作业的危险工作环境，让大批量、持续生产变成了现实，大大提高了生产效率和产品精度以及快速获取信息并自动处理的性能，也同时为工业生产的信息集成提供了方便。随着机器视觉技术的成熟与发展，其应用范围日趋广泛。根据这些领域，我们大致可以概括出机器视觉的五大典型应用。这五大典型应用也基本可以概括出机器视觉技术在工业生产中能够起到的作用。

1. 图像识别应用

　　图像识别是指利用机器视觉对图像进行处理、分析和理解，以识别各种不同模式的目标和对象。图像识别在机器视觉工业领域中最典型的应用就是二维码的识别了。例如我们平时常见的条形码，大量的数据信息可以存储在这小小的二维码中，人们可以通过条码对产品进行跟踪管理；通过机器视觉系统，可以方便地对各种材质表面的条码进行识别读取，大大提高了现代化生产的效率。

2. 图像检测应用

检测是机器视觉工业领域最主要的应用之一。几乎所有产品都需要检测，而人工检测存在着较多的弊端，人工检测准确性低，长时间工作的话，准确性更是无法保证，而且检测速度慢，影响整个生产过程的效率。因此，机器视觉在图像检测方面的应用也非常广泛。例如硬币边缘字符的检测，2000年10月新发行的第五套人民币中，壹元硬币的侧边增强了防伪功能，鉴于生产过程的严格控制要求，在造币的最后一道工序安装了视觉检测系统。另外，图像检测还可应用于印刷过程中的套色定位以及校色检查，包装过程中的饮料瓶盖的印刷质量检查，产品包装上的条码和字符识别，玻璃瓶的缺陷检测等。其中，机器视觉系统对玻璃瓶的缺陷检测也包括了药用玻璃瓶，也就是说机器视觉也涉及医药领域，其主要检测内容包括尺寸检测、瓶身外观缺陷检测、瓶肩部缺陷检测、瓶口检测等。

3. 视觉定位应用

视觉定位要求机器视觉系统能够快速准确地找到被测零件并确认其位置。在半导体封装领域，设备需要根据机器视觉取得的芯片位置信息调整拾取头，准确拾取芯片并进行绑定，这是视觉定位在机器视觉工业领域最基本的应用。

4. 物体测量应用

机器视觉工业应用最大的特点就是其非接触测量技术。非接触测量技术同样具有高精度和高速度的性能，但非接触无磨损，消除了接触测量可能造成的二次损伤隐患。常见的测量应用包括齿轮、接插件、汽车零部件、IC元件管脚、麻花钻、螺钉螺纹检测等。

5. 物体分拣应用

实际上，物体分拣应用是识别、检测之后的一个环节，通过机器视觉系统将图像进行处理，实现分拣。机器视觉常用于食品分拣、零件表面瑕疵自动分拣、棉花纤维分拣等。

机器人视觉是指使机器人具有视觉感知功能的系统，是机器人系统组成的重要部分之一。在基本术语中，机器人视觉涉及使用相机硬件和计算机算法的结合，让机器人处理来自现实世界的视觉数据。如果没有机器视觉，机器人基本上无法工作，对一些机器人任务来说，这也许不是一个问题，但对于某些应用来说，机器视觉是有帮助的，甚至是必不可少的。

机器人视觉不仅是一个工程领域，它也是一门有自己特定的研究领域的科学。区别于机器研究，机器人视觉必须将机器人技术纳入到其技术和算法。在许多情况下，机器人视觉和机器视觉可相互交替使用。然而，两者还是有些微妙的差异。一些机器视觉应用，如零件监测，工件只要放置到一个用来探测不良的视觉传感器前面即可，与机器人无关。

第 5 章　工业机器人技术应用及研究热点

5.1　概　　述

5.1.1　工业机器人的定义

机器人被誉为"制造业皇冠顶端的明珠"，对其的其研发、制造、应用是衡量一个国家科技创新和高端制造业水平的重要标志。当前，机器人产业蓬勃发展，正极大地改变着人类的生产和生活方式，为经济社会发展注入强劲动能。工业机器人多种多样，除了用途、驱动方式以外，还包括智能化程度和控制方式等方面的不同。那么，我们如何定义工业机器人呢？下面来看不同组织对其的定义。

美国机器人协会（RIA）：工业机器人是"一种用于移动各种材料、零件、工具或专用装置的，通过程序动作来执行各种任务，并具有编程能力的多功能操作机（Manipulator）"。

日本工业机器人协会（JIRA）：工业机器人是一种装备有记忆装置和末端执行装置的、能够完成各种移动来代替人类劳动的通用机器。

国际机器人联合会（IFR）：工业机器人是一种自动控制的、可重复编程的（至少具有三个可重复编程轴）、具有多种用途的操作机（ISO 8373）。

中国科学家对机器人的定义是：工业机器人是一种自动化的机器，具备一些与人或生物相似的智能能力，如感知能力、规划能力、动作能力和协同能力，是一种具有高度灵活性的自动化机器。

国际标准化组织（ISO）：工业机器人是一种自动的、位置可控的、具有编程能力的多功能操作机，这种操作机具有几个轴，能够借助可编程操作来处理各种材料、零件、工具和专用装置，以执行各种任务。

由以上定义不难发现，工业机器人具有四个显著特点：① 具有特定的机械机构，其动作具有类似于人或其他生物的某些器官（肢体、感受等）的功能；② 具有通用性，可完成多种工作、任务，可灵活改变动作程序；③ 具有不同程度的智能，如记忆、感知、推理、决策、学习等；④ 具有独立性，完整的机器人系统在工作中可以不依赖人的干预。

5.1.2　机器人与国家战略布局

新松机器人自动化股份有限公司总裁、中国科学院大学的曲道奎教授指出，新一轮工业革命的战斗已经打响。为了提升我国制造水平，在未来工业领域取得全球领先地位，2015 年，我国发布了"中国制造 2025"战略规划，将机器人产业的发展提升到战略层面。由此，我国全面展开了在机器人产业领域的建设与布局。

1. 机器人与国家战略

首先，来看看各国在机器人与国家战略上有哪些动态。

(1)美国近几年，一直在强调制造业的回归，其核心支撑通常被认为有两个，一个是机器人，另一个是人工智能。从 2012 年开始，美国制造业回归就以数字化技术、机器人技术为支撑。到了 2013 年，美国又提出了一个机器人的发展路线图，要把互联网融入机器人的生产过程中，这是美国在机器人领域的一个新的发展思路。直到 2016 年 10 月份，美国又提出了一个新的人工智能研究与发展的战略规划。所以，从机器人到物联网再到人工智能，美国制造业回归的路线图很清晰。

(2)欧洲最典型的制造业发达国家是德国，其于 2011 年在全球范围内率先提出了"工业 4.0"概念。我们知道，工业 4.0 的核心思想其实就是以互联网、物联网、大数据等信息技术相互支撑，形成一种新的制造手段，德国以此来重新引领制造业发展。法国提出了新的机器人行动计划，包括鼓励企业应用机器人、开展国际合作、制定标准以及科研机构的建设。同时，英国也提出一个机器人自主系统的战略计划。

(3)日本作为我国的邻居，也提出要进行机器人的革命，并设立了三大目标：一是成为整个世界的机器人创新基地；二是成为世界最大的机器人应用国家；三是迈向世界机器人领先的新时代。众所周知，日本一直位于世界制造强国前列，在机器人服务领域做了许多支撑性的工作。日本有一个重要的行动计划，主要是设立机器人革命促进委员会，这个委员会旗下包括许多机器人的发展机构和机器人大赛举办机构，将从各个层面来促进机器人产业的发展。

所以，我们看到机器人的发展已经不是某一个国家的问题，已然成为了一个国际问题。全球这么多国家都将机器人产业的发展作为一种国家战略，这说明机器人将是未来发展的一种趋势。既然是一种趋势，那么机器人产业就要实现快速的发展，而这个发展的过程一定是对整个工业的挑战。这是一场新工业革命，从成本、技术进步、用户个性化的定制，生产方式、生产工具等都要进行一次大的变革。可以说，机器人正在改变人类生产的方式，包括国防、医疗等领域。

今天，新一代的机器人已经渗透到人类生活的各个领域。在这个大的背景下，我国提出"中国制造 2025"战略规划，旨在把我国建设成为世界制造强国。同时，"中国制造 2025"战略规划也是我国在新一轮科技革命和产业革命上的重大挑战。一方面，整个世界制造业的变革倒逼着我们要创新制造模式。因此，我国提出了五大重点工程作为强基根本，包括建设工程、智能制造工程、工业强基工程、绿色制造工程和高端装备创新工程。在这五大工程的基础上，又细分了十大重点领域，其中，第二大领域就是机器人和高端数字机床产业，这说明我国把机器人相关领域放在一个非常关键的位置。另一方面，我国规划了一张清晰的有关未来机器人发展的路线图，包括关键技术、零部件、整个应用示范平台建设等。所以，"中国制造 2025"战略规划既有宏观的目标，又有清晰的脉络，俨然成为我国制造业在未来制胜的"法宝"。

2. 中国机器人的重大战略布局

现在，我国已经不像过去一样把在机器人领域的布局当做是一个研发规划来看待，而是当做一个我国制造业崛起的重要平台去发展。目前，我国在机器人领域的发展已经完全形成一个较为完善的机器人产业体系，技术创新能力和国际竞争能力明显增强，产品性能和质量达到国际同类水平，关键零部件取得重大突破，基本满足市场需求。

1）我国机器人产业的区域布局

通过近几年的竞争和发展，我国形成了五大自然的机器人分布区域，包括东北、华北、华南（包括长三角和珠三角两个区域）以及西南地区，并且各自形成了一定的区域优势。

（1）东北地区。东北有新松机器人自动化股份有限公司、哈尔滨博实自动化股份有限公司这两家标志性的上市公司。就新松公司而言，其拥有机器人国家重点实验室、机器人技术与系统国家重点实验室、机器人创新中心、机器人国家工程中心、机器人检验检测中心等。所以，东北在机器人研发平台、测试认证平台上具有得天独厚的优势。

（2）华北地区。京津冀是华北地区最具代表性的地区，也是机器人产业发展最快的地区。其中，天津在机器人应用领域优势最为突出。

（3）华南地区。华南地区有两个特别著名的区域，分别是长三角和珠三角地区。其中，长三角地区的机器人产业发展最快。众所周知，长三角地区是我国的经济贸易中心，是外资企业落户中国的首选，例如 ABB、KUKA 等机器人厂商都集聚于此。而且，长三角具有很多著名的高等院校，高端人才资源丰富，从而保证了该地区机器人的快速发展。除此之外，该地区还有各种机器人的检验检测平台。所以，长三角地区应该是我国机器人发展应用的一个高峰区域。相比于长三角地区，珠三角地区在机器人领域的发展相对较晚，但是，近年来珠三角地区发展迅猛，特别是信息化、无人机、电子、服务机器人等领域，成为该地区的强项，有一种后来者居上的发展趋势。

（4）西南地区。机器人在该地区的发展主要集中在成都和重庆。这里有著名的大学、企业，目前已经有崛起的势头，不可小视。

2）我国在机器人创新领域的布局

目前，我国正在加速推进机器人创新中心的建设。作为五大工程之首，机器人创新中心是我国攻克"中国制造 2025"难题的一个突破口。创新中心的建设目标实际上是机器人的一个关键的共性技术，包括人才、平台、资源整合、推广服务等。作为一个公共的创新平台，一定要打通创新的过程，逐级而上。创新的过程必须以市场需求、技术发展为导向，实现市场、技术的双层驱动。另外，还需要将产、学、研体系真正地融会贯通，打通整个创新路线。创新还需要整个机器人行业提供强有力的支撑。

3）我国机器人领域的标准制定

现在，机器人正处在一个新旧转换的转折点上，传统的机器人走到了终点，新的机器人刚刚起步。传统的机器人标准基本被淘汰，而新的机器人标准还未制定。因此，机器人新标准的制定是我国在未来竞争中一个强有力的工具与措施。所以，我国成立了机器人标准化的总体组，其任务是抢先一步抓住机遇，在面向全球巨大的机器人市场和我国机器人产业的发展上，实行标准化先行。其目的是从标准的制定、产业的保护等几个方面来率先推动我国机器人产业的发展。

4）我国机器人检验、检测和评定以及机器人产品认证的建设

过去，我们研发机器人的样机不需要大平台的支撑就可以进行，而现在我们要发展机器人产业，就得拥有完善的机器人性能检测、检验和评定的体系。基于此，我国政府高度重视这一问题，并给予了重大的支持。

现在，我国正在加快机器人检验、检测和评定中心的建设，目前已在上海设立了机器人

检验、检测和评定中心，另外在沈阳、广州都设立了分中心，以及机器人国评中心，重点完成机器人的检测、认证、技术支持、咨询培训等方面的全方位服务。检验、检测方面包括工业机器人、服务机器人、特种机器人等整机的检测，还建立了机器人零部件的各种测试和检验平台。产品认证方面包括产品的检验、检测认证、认证过程、标准制定、信息咨询等相关服务。

5）我国机器人的基础研发布局

国家基金委、科技部、工信部等有关部门正在加快前沿创新的方式、方法。国家基金委设立了机器人的专项研究领域，包括在刚柔性机器人的运动特征与可控性、人机环境的多模态、感知与自然交互、机器人群体智能与操作系统的结构框架等基础性领域进行布局。科技部则是在机器人的前沿技术、关键共性技术、新的机器人平台等方面进行布局。另外，工信部更多是从制造工程的建设入手，推广机器人的示范应用，包括人机协调、自然交互、机器人自主学习等。除此之外，中国科学院成立了机器人与智能制造创新研究院，依托自动化所的基础优势，以全新的理念面向机器人、智能制造开展工作。

另外，中国科学院把下属的单位、研究机构充分整合起来，设立了中国科学院智能制造与创新产业联盟，通过各单位的力量，共同研究机器人、人工智能、信息技术等关键性的支撑技术。

可以看到，我国在机器人产业的发展上从各个关键环节全面展开工作，在各个细分领域都筑起了坚实的堡垒。同时，也将这些堡垒连接在一起，编织成我国机器人产业发展的一张战略大网，为我国在未来国际机器人市场占据了战略优势地位。

5.1.3　工业机器人的发展前景及趋势

1. 发展前景

在发达国家，工业机器人自动化已成为自动化装备的主流及未来的发展方向。国外汽车、电子电器、工程机械等行业已经大量使用工业机器人自动化生产线，以保证产品质量，提高生产效率，同时避免了大量的工伤事故。全球诸多国家近半个世纪的工业机器人的使用实践表明，工业机器人的普及是实现自动化生产，提高社会生产效率，推动企业和社会生产力发展的有效手段。机器人技术是具有前瞻性、战略性的高技术领域。国际电气与电子工程师学会 IEEE 的科学家在对未来科技发展方向进行预测中提出了 4 个重点发展方向，机器人技术就是其中之一。

1990 年 10 月，国际机器人工业人士在丹麦首都哥本哈根召开了一次工业机器人国际标准大会，并在这次大会上通过了一个文件，把工业机器人分为四种类型：① 顺序型。这类机器人拥有规定的程序动作控制系统；② 沿轨迹作业型。这类机器人能够执行某种移动作业，如焊接、喷漆等；③ 远距作业型。比如在月球上自动工作的机器人；④ 智能型。这类机器人具有感知、适应及思维和人机通信机能。日本工业机器人产业早在 20 世纪 90 年代就已经普及了第一和第二类工业机器人，并达到了其工业机器人发展史的鼎盛时期，而今已在发展第三、四类工业机器人的道路上取得了举世瞩目的成就。日本下一代机器人发展重点包括低成本技术、高速化技术、小型和轻量化技术、提高可靠性技术、计算机控制技术、网络化技术、高精度化技术、视觉和触觉等传感器技术等。根据日本政府 2007 年制订的一份计划来看，日本 2050 年工业机器人产业规模将达到 1.4 兆日元，将拥有百万工业机器人。按照一个工业机器人等价于 10 个劳动力的标准,百万工业机器人相当于千万劳动力,是当前日本全部劳动人口的 15%。

　　我国工业机器人起步于 20 世纪 70 年代初,其发展过程大致可分为三个阶段:20 世纪 70 年代的萌芽期,20 世纪 80 年代的开发期,20 世纪 90 年代的实用化期。经过多年的发展,我国工业机器人产业已经初具规模。当前我国已生产出部分机器人关键元器件,开发出弧焊、点焊、码垛、装配、搬运、注塑、冲压、喷漆等工业机器人。一批国产工业机器人已应用于国内诸多企业的生产线上;一批机器人技术的研究人才也涌现出来。一些相关科研机构和企业已掌握了工业机器人操作机的优化设计制造技术;工业机器人控制、驱动系统的硬件设计技术;机器人软件的设计和编程技术;运动学和轨迹规划技术;弧焊、点焊及大型机器人自动生产线与周边配套设备的开发和制备技术等。某些关键技术已达到或接近世界水平。随着中国人力成本不断上涨,以及特殊行业的恶劣作业环境,工业领域"机器换人"将是必然趋势,因此工业机器人市场发展前景广阔。

2. 发展趋势

　　通过持续创新、深化应用,我国机器人产业呈现良好的发展势头。产业规模快速增长,年均复合增长率约 15%,2020 年机器人产业营业收入突破 1000 亿元,工业机器人产量达 21.2 万台(套)。技术水平持续提升,运动控制、高性能伺服驱动、高精密减速器等关键技术和部件加快突破,整机功能和性能显著增强。多品种、少批量、个性化是未来制造业的新型模式,带来的效应是工业机器人产业由传统的单纯追求生产效率向追求柔性与效率均衡发展。从近几年推出的产品来看,工业机器人正向智能化、模块化、系统化和人机交互协作方向发展,其主要趋势有以下几个方面。

　　1) 工业机器人的智能化

　　"智能"特征表现为具有与外部世界(对象、环境和人)相适应、相协调的工作机能,从控制方式看是以一种"认知—适应"的方式自律地进行操作。智能机器人不仅具有感觉能力,而且具有独立判断和行动的能力,还具有记忆、推理和决策能力,因而能完成更加复杂的动作。通过智能化,可以提升工业机器人的执行力,为工业机器人的发展创造有利的条件。

　　工业机器人的智能化需要注意以下几点问题:

　　(1) 利用神经元与模糊控制等智能化策略进行控制,在此基础上利用被控制对象模拟性不强的特点解决复杂性问题,是智能化的最低层次,也是智能化发展的初步目标。

　　(2) 通过程序设计,使机器人具备与人类类似的问题解决能力以及逻辑推理能力,实现更高层次的智能化,实现对人类思维方式的模拟,使机器人的功能更加齐全,具备对问题的自主解决能力。

　　(3) 随着"互联网+"时代的来临,工业机器人技术也在不断发展,契合了"互联网+"的发展时机,使得工业机器人功能更加齐全,获得的使用效果也更好,从而实现我国工业技术更为长远的发展。

　　2) 多机器人协同控制

　　由于工业机器人的生产规模不断扩大,协调化发展也越来越迫切。在大型生产线上,需要较多机器人共同完成工作,因此,机器人的控制与设计不再是单纯的自身控制问题,不仅需要协调工作,还需要互相配合,应根据工艺要求设计运动机构,开发满足工艺要求的新型传感器,研究多传感器信息融合与配置技术,支持以人为本的生产系统,实现生产系统中的机器人群体协调功能、群体智能和多机通信协议，开发能理解人的意志的"同事机器人"。

3）工业机器人的微型化

工业机器人的微型化是一种未来的发展趋势，是21世纪的尖端技术之一。近些年，技术不断发展，我国已经开发出了手指大小的微型机器人，此类机器人在生产生活中发挥了重要的作用，尤其是在医疗领域与军事领域，占据了不可替代的重要位置。微型机器人的应用十分广泛，随着科技的快速发展，预计在未来可以发展出毫米级的微型移动机器人，可以发挥更加重要的作用，不仅可以进行精密机械加工，还可以在现代光学仪器、现代生物工程、医学工程与遗传工程等方面产生重要的影响，促进社会的进步与发展。

4）工业机器人的模块化与标准化

实现工业机器人的模块化与标准化是提高工业机器人工作效率与质量的关键，在工业机器人发展过程中，高性能部件的设计已经朝着模块化发展，软件编程也朝着模块化发展，可见，模块化是机器人发展的主要方向。另一方面，标准化也是工业机器人发展的另一主要方向，是一份艰巨而重要的任务。实现机器人的标准化发展，可以实现不同厂家机器人之间零部件与通信的互换，提升企业经济效益，促进工业机器人的快速发展，达到理想的发展效果，实现未来工业机器人的标准化、智能化与模块化。

5.2　工业机器人系统组成及典型应用

5.2.1　工业机器人的系统组成

工业机器人主要由机械部分、传感部分、控制部分三大部分组成，这三大部分可分成驱动系统、机械结构系统、感受系统、机器人—环境交互系统、人机交互系统、控制系统六个子系统，如图5-1所示。

工业机器人关节臂

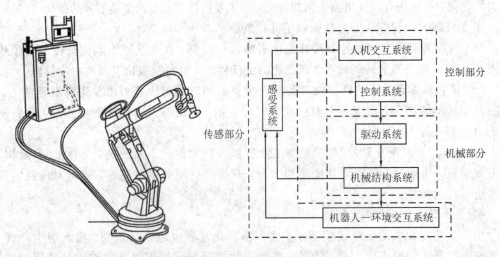

图5-1　工业机器人系统组成

1. 机械部分

机械部分是机器人的"血肉"组成部分，也称为机器人的本体，主要分为两个子系统：驱动系统、机械结构系统。

1）驱动系统

要使机器人运行起来，就需要在各个关节安装传动装置，用以使执行机构产生相应的动作，这就是驱动系统。它的作用是提供机器人各部分、各关节动作的原动力。驱动系统的传动部分可以是液压传动系统、电动传动系统、气动传动系统，或者是几种系统结合起来的综合传动系统。驱动系统可以与机械系统直接相连，也可通过同步带、链条、齿轮、谐波传动装置等与机械系统间接相连。

目前，除个别运动精度不高、重负载或有防爆要求的机器人采用液压、气压驱动外，工业机器人大多采用电气驱动，主要有步进电机和伺服电机两类，交流伺服电机应用最广，且驱动器布置大都采用一个关节一个驱动器，其实物如图 5 - 2 和图 5 - 3 所示。

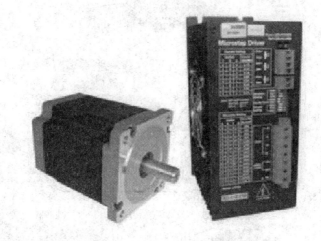

图 5 - 2　步进电机与步进驱动器

图 5 - 3　伺服电机和伺服驱动器

2）机械结构系统

机械结构系统又称为操作机或执行机构系统，是机器人的主要承载体，它由一系列连杆、关节等组成，通常包括机身、手臂、关节和末端执行器，具有多自由度，如图 5-4 所示。

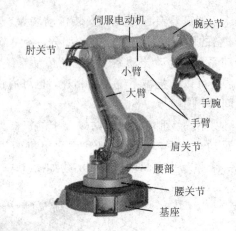

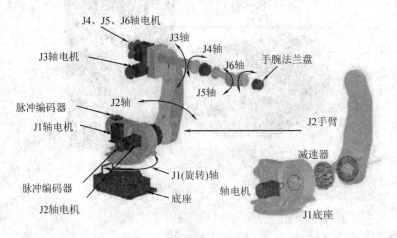

图 5-4　工业机器人的基本机械结构组成

（1）机身。如同机床的床身结构一样，机器人的机身构成了机器人的基础支撑，有的机身底部安装有机器人行走机构，构成行走机器人；有的机身可以绕轴线回转，构成机器人的"腰"；若机身不具备行走及回转机构，则构成单机器人臂。

（2）手臂。手臂一般由上臂、下臂和手腕组成，用于完成各种简单或复杂的动作。

（3）关节。关节通常分为滑动关节和转动关节，以实现机身、手臂、末端执行器之间的相对运动。

（4）末端执行器。末端执行器是直接装在手腕上的一个重要部件，它通常模拟的是人的手掌和手指，可以是两手指或多手指的手爪末端操作器，有时也可以是各种作业工具，如焊枪、喷漆枪等。

2.控制部分

控制部分相当于机器人的大脑，可以直接或者通过人工对机器人的动作进行控制。控制部分也可以分为两个子系统：人机交互系统和控制系统。

1）人机交互系统

人机交互系统是使操作人员参与机器人控制并与机器人进行联系的装置，例如计算机的标准终端、指令控制台、信息显示板、危险信号警报器、示教盒等。简单来说该系统可以分为两大部分：指令给定系统和信息显示装置。

2）控制系统

控制系统的任务是根据机器人的作业指令程序及从传感器反馈回来的信号，控制机器人的执行机构去完成规定的动作。若机器人不具备信息反馈特征，则该控制系统为开环控制系统；若具备信息反馈特征，则该控制系统为闭环控制系统。控制系统根据控制原理可分为程序控制系统、适应性控制系统和人工智能控制系统三种。控制系统根据控制运动的形式可分为点位控制系统和连续轨迹控制系统。

3. 传感部分

传感部分相当于人类的五官，机器人可以通过传感部分来感觉机器人自身和外部环境状况，帮助机器人工作得更加精确。这部分主要分为两个子系统：感受（传感）系统和机器人—环境交互系统。

1）感受（传感）系统

感受系统通常由内部传感器模块和外部传感器模块组成，用于获取机器人内部和外部环境状态中有意义的信息。智能传感器可以提高机器人的机动性、适应性和智能化的水准。对于一些特殊的信息，传感器的灵敏度甚至可以超越人类的感受系统，比人类的感受系统更有效率。

2）机器人—环境交互系统

机器人—环境交互系统是实现工业机器人与外部环境中的设备相互联系和协调的系统。工业机器人往往与外部设备集成为一个功能单元，如加工制造单元、焊接单元、装配单元等。也可以是多台机器人、多台机床设备或者多个零件存储装置集成为一个能执行复杂任务的功能单元。

5.2.2 工业机器人典型应用

1. 搬运机器人

搬运机器人具有通用性强、工作稳定的优点，且操作简便、功能丰富，逐渐向第三代智能机器人发展，其主要优点如下：

（1）动作稳定，提高搬运准确性；

（2）提高生产效率，解放繁重体力劳动，实现"无人"或"少人"生产；

（3）改善工人劳作条件，摆脱有毒、有害环境；

（4）柔性高、适应性强，可实现对多形状、不规则物料的搬运；

（5）定位准确，保证批量一致性；

（6）降低制造成本，提高生产效益。

搬运机器人是一个完整系统。以关节式搬运机器人为例，其工作站主要由操作机、机器人控制柜、搬运系统（气体发生装置、真空发生装置和手爪等）和示教器等组成，如图5-5所示。关节式搬运机器人常见的本体有4～6轴，6轴搬运机器人本体部分具有回转、抬臂、前伸、手腕旋转、手腕弯曲和手腕扭转6个独立旋转关节，多数情况下5轴搬运机器人略去手腕旋转关节，4轴搬运机器人略去手腕旋转和手腕弯曲两个关节。

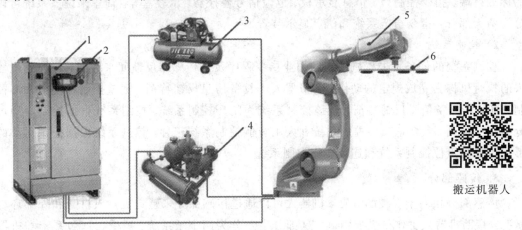

搬运机器人

1—机器人控制柜；2—示教器；3—气体发生装置；
4—真空发生装置；5—操作机；6—端拾器(手爪)

图5-5　搬运机器人系统组成

2. 焊接机器人

焊接机器人作为当前广泛使用的先进自动化焊接设备，具有通用性强、工作稳定的优点，并且操作简便、功能丰富，越来越受人们的重视。世界各国生产的焊接机器人基本上都属于关节型机器人，绝大部分有6个轴，目前焊接机器人应用中比较普遍的主要有三种：点焊机器人、弧焊机器人和激光焊接机器人，如图5-6所示。

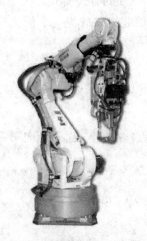

(a) 点焊机器人　　　　　　(b) 弧焊机器人　　　　　　(c) 激光焊接机器人

图5-6　焊接机器人

1）点焊机器人

点焊机器人是用于点焊自动作业的工业机器人，其末端持握的作业工具是焊钳。点焊对焊接机器人的要求不是很高。因为点焊只需点位控制，至于焊钳在点与点之间的移动轨迹没有严格要求，这也是机器人最早只能用于点焊的原因。点焊用机器人不仅要有足够的负载能力，而且在点与点之间移位焊接机器人示教时速度要快捷，动作要平稳，定位要准确，以减少移位的时间，提高工作效率。点焊机器人需要有多大的负载能力，取决于所用的焊钳形式。对于用于变压器分离的焊钳，30～45 kg 负载的机器人就足够了。但是，这种焊钳一方面由于二次电缆线长，电能损耗大，也不利于机器人将焊钳伸入工件内部焊接；另一方面，电缆线会随机器人运动而不停摆动，损坏较快。对点焊机器人的要求如下：

（1）安装面积小，工作空间大；

（2）快速完成小节距的多点定位（如每 0.3～0.4 s 移动 30～50 mm 节距后定位）；

（3）定位精度高（±0.25 mm），以确保焊接质量；

（4）持重大（50～150 kg），以便携带内装变压器的焊钳；

（5）内存容量大，示教简单，节省工时；

（6）点焊速度与生产线速度相匹配，同时安全可靠性好。

汽车车身的机器人点焊作业如图 5-7 所示。

汽车零部件智能装配

图 5-7　汽车车身的机器人点焊作业

2）弧焊机器人

弧焊机器人是用于弧焊自动作业的工业机器人，其末端持握的工具是焊枪。事实上，弧焊过程比点焊过程要复杂得多，被焊工件由于局部加热熔化和冷却产生变形，焊缝轨迹会发生变化。因此，焊接机器人的应用并不是一开始就用于电弧焊作业，而是伴随焊接传感器的开发及其在焊接机器人中的应用，使机器人弧焊作业的焊缝跟踪与控制问题得到有效解决。汽车座椅支

弧焊机器人

架和消音器弧焊作业分别如图 5-8 和图 5-9 所示。

图 5-8　汽车座椅支架弧焊作业

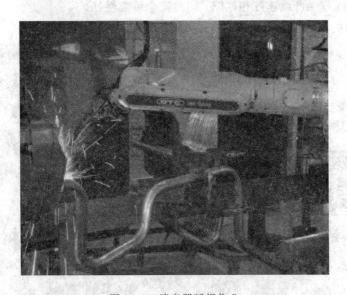

图 5-9　消音器弧焊作业

由于弧焊工艺早已在诸多行业中得到普及，使得弧焊机器人在通用机械、金属结构、工程机械等许多行业中得到广泛运用。为适应弧焊作业，对弧焊机器人的性能有着特殊的要求。除在运动过程中速度的稳定性和轨迹精度两项重要指标，其他性能要求如下：

（1）能够通过示教器设定焊接条件（电流、电压、速度等）；

（2）具备摆动和坡口填充功能；

（3）焊接异常功能检测；

（4）焊接传感器（焊接起始点检测、焊缝跟踪）的接口功能。

3）激光焊接机器人

激光焊接机器人是用于激光焊自动作业的工业机器人，通过高精度工业机器人可实现更加柔性的激光加工作业，其末端持握的工具是激光加工头。激光焊具有最小的热输入量，产生极小的热影响区，在显著提高焊接产品品质的同时，降低了后续工作量的时间（校正工件的扭曲和变形）。激光焊接成为一种成熟的无接触的焊接方式已经多年，极高的能量密度使得高速加工和低热输入量成为可能。与机器人弧焊相比，机器人激光焊的焊缝跟踪精度要求更高。激光焊接机器人的基本性能要求如下：

激光焊接机器人

（1）高精度轨迹（小于等于 0.1 mm）；

（2）持重大（30～50 kg），以便携带激光加工头；

（3）可与激光器进行高速通信；

（4）机械臂刚性好，工作范围大；

（5）具备良好的振动抑制和控制修正功能。

激光焊机器人系统组成如图 5-10 所示。

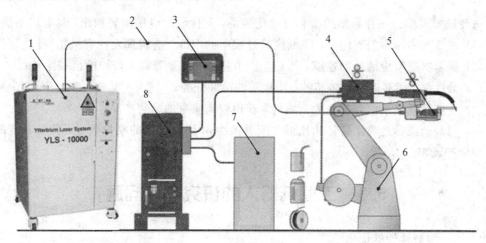

1—激光器；2—光导系统；3—遥控盒；4—送丝机；
5—激光加工头；6—操作机；7—机器人控制柜；8—焊接电源

图 5-10　激光焊接机器人系统组成

3. 涂装机器人

涂装机器人与普通工业机器人相比，其操作机在结构方面的差别除了球型手腕与非球型手腕外，主要是防爆、油漆及空气管路和喷枪的布置导致的差异，其特点如下：

（1）一般手臂工作范围宽大，进行涂装作业时可以灵活避障；

（2）手腕一般有 2～3 个自由度，轻巧快速，适合内部、狭窄的空间，及对复杂工件的涂装；

（3）较先进的涂装机器人采用中空手臂和柔性中空手腕；

（4）一般在水平手臂搭载喷漆工艺系统，从而缩短清洗、换色时间，提高生产效率，节约涂料及清洗液。

　　典型的涂装机器人工作站主要由涂装机器人、机器人控制柜、供漆系统、自动喷枪/旋杯、示教盒、防爆吹扫系统等组成，如图 5-11 所示。

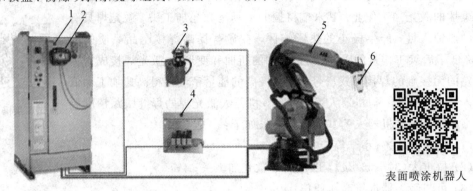

表面喷涂机器人

1—机器人控制柜；2—示教盒；3—供漆系统；4—防爆吹扫系统；
5—涂装机器人；6—自动喷枪/旋杯

图 5-11　涂装机器人系统组成

　　涂装机器人作为一种典型的涂装自动化装备，与传统的机械涂装相比，具有以下优点：

　　(1) 显著提高涂料的利用率，降低涂装过程中的 VOC(有害挥发性有机物)排放量；

　　(2) 显著提高喷枪的运动速度，缩短生产节拍，效率显著高于传统的机械涂装；

　　(3) 柔性强，能够适应于多品种、小批量的涂装任务；

　　(4) 能够精确保证涂装工艺的一致性，获得较高质量的涂装产品；

　　(5) 与高速旋转经典涂装站相比可以减少大约 30%～40% 的喷枪数量，降低系统故障概率和维护成本。

5.3　工业机器人的研究热点问题

1. 核心零部件性能优化

　　工业机器人上的核心零部件包括精密减速器、伺服电机与驱动、控制器、专用传感器等。国内已经有很多企业在从事相关方面的工作，但还是存在许多问题，如减速器性能如何提升；传统的伺服电机生产没有问题，问题在于我国在驱动算法方面与国外的差距较大；控制器方面也急需解决软件算法问题。

2. 工业机器人整机性能测试与评估、安全及可靠保障

　　目前，我国的标准还是多年前制定的，现在急需研究工业机器人多种参数的测量方法，建立工业机器人整机评估模型；建立工业机器人可靠性工作基本规范，评估建模方法、指标预测和分配、元器件和整机的可靠性测试、破坏性测试以及加速测试方法等关键技术。

3. 工业机器人的软能力建设

　　工业机器人包括硬能力和软能力。硬能力，即核心零部件的能力；软能力，则可定义为通过信息技术融合能够实现的能力，包括智能控制技术、人工智能技术等。软能力是我国工业机器人领域最大的短板，目前大量依靠进口，包括机器人操作系统、面向工业机器人设计与仿真、生产线的工艺规划、离线编程软件调度软件、机器人监控与故障诊断软件及工业机器人核心工艺软件等。

4. 工业机器人智能作业技术

如何突破工件特种识别测量、自主作业轨迹规划、动态跟踪、离/在线力位混合控制规划等关键技术是目前需要解决的问题，所以应该构建智能工艺专家系统。其中，集成应用是工业机器人非常重要的核心技术，如果没有集成，应用工业机器人将无法实现。

5. 易用性问题

易用性问题包括工业机器人如何高效示教及人—机器人技能传递技术，现在已经有人在探索新型编程示教应用模式，如图形编程等。未来更重要的是如何利用新一代信息技术等先进技术手段，研究基于自然交换与自主学习的人—机器人高效技能传授，不断深化学习，这与人工智能密切相关。

6. 新型工业机器人技术

新型工业机器人与传统机器人不同，其体量不大，但利润相对较高，而且在中国有很好的市场和产业链，这给我国工业机器人发展带来了很好的机会。所以我国需要针对制造领域特殊需求，探索有别于传统工业机器人构型的新型工业机器人技术。

7. 灵巧作业工具技术

灵巧作业工具技术是指快速工具更换技术或灵巧作业工具及柔性作业工具技术。其下一步发展是教会机器人使用工具，像人类一样，通过使用工具实现能力的提高和延伸。

8. 云端工艺服务及作业学习技术

云端工艺服务及作业学习技术包括基于云计算和大数据的知识建模、作业序列建模与理解等技术。通过探索工艺参数大数据收集、分析、挖掘和优化方法，使机器人自主学习、提升技术，最终实现通过云端解决机器人的技术智能性并提升其作业能力。

9. 双臂作业工业机器人技术

随着作业任务越来越复杂，双臂机器人得到了越来越广泛的应用。相比于单臂机器人，双臂机器人在工业生产中可以做更复杂、更精准的工作。虽然国外已经有相关产品，但双臂机器人的协调操作控制尚未有一套完善的理论体系，如何真正应用到产业上还有待解决，所以在这一方面若我国加倍努力，还是有可能赶超国际水平的。

10. 人机协作型机器人技术

就目前的技术来看，机器人完全替代人类作业还有很长的路要走，而下一步发展是需要将机器人的安全保护玻璃墙去掉，取而代之的是与人类紧密接触，密切配合，所以突破人机安全共存、智能交互、协同作业等核心技术，研制新一代互助协作型工业机器人是大势所趋。

5.4　中国机器人的发展规划

当前新一轮科技革命和产业变革加速演进，新一代信息技术、生物技术、新能源、新材料等与机器人技术深度融合，机器人产业迎来升级换代、跨越发展的窗口期。世界主要工业发达国家均将机器人作为抢占科技产业竞争的前沿和焦点，加紧谋划布局。我国已转向高质量发展阶段。建设现代化经济体系，构筑美好生活新图景，迫切需要新兴产业和技术的强力支撑。机器人作为新兴技术的重要载体和现代产业的关键装备，引领产业数字化发展、智能化升级，不断孕育新产业、新模式、新业态。机器人作为人类生产生活的重要工具和应对人口老龄化的得力助手，将持续推动生产水平的提高、生活品质的提升，有力促进经济社会可持续发展。

面对新形势新要求，未来几年乃至更长一段时间，是我国机器人产业自立自强、换代跨越的战略机遇期。2021 年 12 月，我国发布了机器人产业未来五年的发展规划，该规划以习近平新时代中国特色社会主义思想为指导，详细地制定了我国机器人产业在未来五年的目标和任务。

5.4.1　指导思想

以习近平新时代中国特色社会主义思想为指导，全面贯彻党的十九大和十九届二中、三中、四中、五中、六中全会精神，立足新发展阶段，完整、准确、全面贯彻新发展理念，构建新发展格局，统筹发展和安全，以高端化智能化发展为导向，面向产业转型和消费升级需求，坚持"创新驱动、应用牵引、基础提升、融合发展"，着力突破核心技术，着力夯实产业基础，着力增强有效供给，着力拓展市场应用，提升产业链供应链稳定性和竞争力，持续完善产业发展生态，推动机器人产业高质量发展，为建设制造强国、健康中国，创造美好生活提供有力支撑。

5.4.2　发展目标

到 2025 年，我国成为全球机器人技术创新策源地、高端制造集聚地和集成应用新高地。一批机器人核心技术和高端产品取得突破，整机综合指标达到国际先进水平，关键零部件性能和可靠性达到国际同类产品水平。机器人产业营业收入年均增速超过 20%。形成一批具有国际竞争力的领军企业及一大批创新能力强、成长性好的专精特新"小巨人"企业，建成 3～5 个有国际影响力的产业集群。制造业机器人密度实现翻番。到 2035 年，我国机器人产业综合实力达到国际领先水平，机器人成为经济发展、人民生活、社会治理的重要组成。

5.4.3　主要任务

1. 提高产业创新能力

1）加强核心技术攻关

聚焦国家战略和产业发展需求，突破机器人系统开发、操作系统等共性技术。把握机器人技术发展趋势，研发仿生感知与认知、生机电融合等前沿技术。推进人工智能、5G、大数据、云计算等新技术融合应用，提高机器人智能化和网络化水平，强化功能安全、网络安全和数据安全。

2）建立健全创新体系

发挥机器人重点实验室、工程（技术）研究中心、创新中心等研发机构的作用，加强前沿、共性技术研究，加快创新成果转移转化，构建有效的产业技术创新链。鼓励骨干企业联合开展机器人协同研发，推动软硬件系统标准化和模块化，提高新产品研发效率。支持企业加强技术中心建设，开展关键技术和应用技术开发。

3）机器人核心技术攻关行动

需要攻关的机器人核心技术主要包括以下两种：

（1）共性技术，包括机器人系统开发技术、机器人模块化与重构技术、机器人操作系统技术、机器人轻量化设计技术、信息感知与导航技术、多任务规划与智能控制技术、人机交互与自主编程技术、机器人云—边—端技术、机器人安全性与可靠性技术、快速标定与精度维护技术、多机器人协同作业技术、机器人自诊断技术等。

（2）前沿技术，包括机器人仿生感知与认知技术、电子皮肤技术、机器人生机电融合技术、人机自然交互技术、情感识别技术、技能学习与发育进化技术、材料结构功能一体化技术、微纳操作技术、软体机器人技术、机器人集群技术等。

2. 夯实产业发展基础

1）补齐产业发展短板

推动用产、学、研联合攻关，补齐专用材料、核心元器件、加工工艺等短板，提升机器人关键零部件的功能、性能和可靠性；开发机器人控制软件、核心算法等，提高机器人控制系统的功能和智能化水平。

2）加强标准体系建设

建立全国机器人标准化组织，更好地发挥国家技术标准创新基地（机器人）的技术标准创新作用，持续推进机器人标准化工作；健全机器人标准体系，加快急需标准研究制定，开展机器人功能、性能、安全等标准的制、修订，加强科技成果向标准转化和标准应用推广；积极参与国际标准化工作。

3）提升检测认证能力

鼓励企业加强试验验证能力建设，强化产品检测，提高质量与可靠性；增强机器人检测与评定中心检测能力，满足企业检测认证服务需求；推进中国机器人认证体系建设。

4）机器人关键基础提升行动

机器人关键基础提升行动主要包括以下几点：

（1）高性能减速器。研发 RV 减速器和谐波减速器的先进制造技术和工艺，提高减速器的精度保持性（寿命）、可靠性，降低噪音，实现规模生产。研究新型高性能精密齿轮传动装置的基础理论，突破精密/超精密制造技术、装配工艺，研制新型高性能精密减速器。

（2）高性能伺服驱动系统。优化高性能伺服驱动控制、伺服电机结构设计、制造工艺、自整定等技术，研制高精度、高功率密度的机器人专用伺服电机及高性能电机制动器等核心部件。

（3）智能控制器。研发具有高实时性、高可靠性、多处理器并行工作或多核处理器的控制器硬件系统，实现标准化、模块化、网络化。突破多关节高精度运动解算、运动控制及智能运动规划算法，提升控制系统的智能化水平及安全性、可靠性和易用性。

（4）智能一体化关节。研制机构/驱动/感知/控制一体化、模块化机器人关节，研发伺服电机驱动，高精度谐波传动动态补偿，复合型传感器高精度实时数据融合，模块化、一体化集成等技术，实现高速实时通信、关节力/力矩保护等功能。

（5）新型传感器。研制三维视觉传感器、六维力传感器和关节力矩传感器等力觉传感器，单线和多线激光雷达，智能听觉传感器以及高精度编码器等产品，满足机器人智能化发展需求。

（6）智能末端执行器。研制能够实现智能抓取、柔性装配、快速更换等功能的智能灵巧作业末端执行器，满足机器人多样化操作需求。

3. 增加高端产品供给

面向制造业、采矿业、建筑业、农业等行业，以及家庭服务、公共服务、医疗健康、养老助残、特殊环境作业等领域需求，集聚优势资源，重点推进工业机器人、服务机器人、特种机器人重点产品的研制及应用，拓展机器人产品系列，提升性能、质量和安全性，推动产品高端化智能化发展。

机器人创新产品发展行动主要包括以下几种：

（1）工业机器人。研制面向汽车、航空航天、轨道交通等领域的高精度、高可靠性的焊接机器人；面向半导体行业的自动搬运、智能移动与存储等真空（洁净）机器人；具备防爆功能的民爆物品生产机器人；AGV、无人叉车，分拣、包装等物流机器人；面向3C、汽车零部件等领域的大负载、轻型、柔性、双臂、移动等协作机器人；可在转运、打磨、装配等工作区域内任意位置移动、实现空间任意位置和姿态可达、具有灵活抓取和操作能力的移动操作机器人。

（2）服务机器人。研制果园除草、精准植保、果蔬剪枝、采摘收获、分选，以及用于畜禽养殖的喂料、巡检、清淤泥、清网衣附着物、消毒处理等的农业机器人；采掘、支护、钻孔、巡检、重载辅助运输等矿业机器人；建筑部品部件智能化生产、测量、材料配送、钢筋加工、混凝土浇筑、楼面墙面装饰装修、构部件安装、焊接等建筑机器人；手术、护理、检查、康复、咨询、配送等医疗康复机器人；助行、助浴、物品递送、情感陪护、智能假肢等养老助残机器人；家务、教育、娱乐和安监等家用服务机器人；讲解导引、餐饮、配送、代步等公共服务机器人。

（3）特种机器人。研制水下探测、监测、作业，深海矿产资源开发等水下机器人；安保巡逻、缉私安检、反恐防暴、勘查取证、交通管理、边防管理、治安管控等安防机器人；消防、应急救援、安全巡检、核工业操作、海洋捕捞等危险环境作业机器人；检验采样、消毒清洁、室内配送、辅助移位、辅助巡诊查房、重症护理辅助操作等卫生防疫机器人。

4. 拓展应用深度和广度

鼓励用户单位和机器人企业联合开展技术试验验证，支持机器人整机企业实施关键零部件验证，增强公共技术服务平台试验验证能力。推动机器人系统集成商专注细分领域特定场景和生产工艺，开发先进适用、易于推广的系统解决方案。支持搭建机器人应用推广平台，组织产需精准对接。推进机器人应用场景开发和产品示范推广。加快医疗、养老、电力、矿山、建筑等领域机器人准入标准制定、产品认证或注册。鼓励企业建立产品体验中心，加快家庭服务、教育娱乐、讲解导引、配送餐饮等机器人推广。探索建立新型租赁服务平台，鼓励发展智能云服务等新型商业模式。

5. 优化产业组织结构

1）培育壮大优质企业

鼓励骨干企业通过兼并重组、合资合作等方式，培育具有生态主导力和核心竞争力的机器人领航企业。推动企业深耕细分行业，加强专业化、差异化发展，在机器人整机、零部件和系统集成等领域，打造一批专精特新"小巨人"企业和单项冠军企业。

2）推进强链、固链、稳链

鼓励骨干企业瞄准关键零部件、高端整机产品的薄弱环节，联合配套企业加快对精密齿轮、润滑油脂、编码器、核心软件等的研发、工程化验证和迭代升级。支持产业链上、中、下游协同创新，大、中、小企业融通发展，构建良好产业生态。加强国际产业安全合作，推动机器人产业链、供应链多元化。

3）打造优势特色集群

推动合理区域布局，引导资源和创新要素向产业基础好、发展潜力大的地区集聚，培育创新能力强、产业环境好的优势集群。支持集群加强技术创新，聚焦细分领域，提供专业性强的机器人产品和系统解决方案，完善技术转化、检验检测、人才培训等公共服务，培育特色集群品牌。

第6章 服务机器人研究热点问题

服务机器人作为机器人家族中的一位年轻成员，正日渐走进我们生活的方方面面。本章将介绍服务机器人的发展、服务机器人的定义与划分标准、服务机器人行业的产业链组成、服务机器人的核心技术、服务机器人的发展趋势与展望。

6.1 服务机器人的发展

服务机器人起源于机器替代人工。服务机器人的发展本质上是机器替代人工的结果。服务机器人替代人工表现在两个方面：一是比人工更加经济；二是实现人工所不能。可以说机器替代人工将是历史的发展必然，服务机器人的发展顺应历史潮流。服务机器人发展过程如图6-1所示。

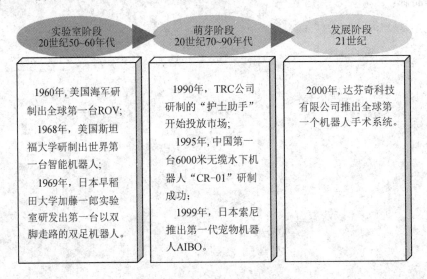

图6-1 服务机器人发展过程

服务机器人的发展共经历了实验室、萌芽和发展三个阶段：

- 实验室阶段(20世纪50~60年代)：计算机、传感器和仿真等技术不断发展，美国、日本等国家相继研发出有缆水下机器人、智能机器人、仿生机器人等。
- 萌芽阶段(20世纪70~90年代)：服务机器人具备初步感知和协调能力，医用服务机器人、娱乐机器人等逐步投入市场。
- 发展阶段(21世纪)：计算机、物联网、人机交互、云计算等先进技术快速发展，服务机器人在家庭、教育、商业、医疗、军事等领域获得了广泛应用。

服务机器人发展的驱动因素主要有以下几个方面：

(1) 劳动力成本上升。由于发达国家的劳动力价格日趋上涨，而且人们越来越不愿意从事自己不喜欢干的工作，类似于清洁、导购、保安等工作在发达国家从事的人越来越少。这种简单劳动力的不足使服务机器人有着巨大的市场。

（2）经济水平的提高。随着经济水平的上升，人们可支配收入的增加，使得人们有能力购买服务机器人来解放简单的重复劳动，或者购买服务机器人进行娱乐、教育，从而提高生活质量。

（3）技术的发展。进入互联网时代后，人类的科学技术迅猛发展，这得益于计算机和微芯片的发展，智能机器人更新换代的速度越来越快，服务机器人发展的技术支撑越来越强。

（4）国家政策的大力支撑。除了需求的提升和技术的积累，服务机器人的快速发展也脱离不了国家政策的支撑。作为行业和社会经济发展的新支点，服务机器人发展的政策扶植力度越来越大。

表 6 - 1 是我国服务机器人发展过程中的主要政策。

表 6 - 1　我国服务机器人发展过程中的主要政策

主 要 政 策	颁 布 部 门
《国家中长期科学和技术发展规划纲要》	国务院
《服务机器人科技发展"十二五"专项规划》	科技部
《中国制造 2025》	国务院
"十三五"规划	人大
《机器人产业发展规划(2016—2020 年)》	工信部
《"互联网＋"人工智能三年行动实施方案》	发改委
《国家创新驱动发展战略纲要》	国务院
《"十三五"国家战略性新兴产业发展规划》	国务院
《新一代人工智能发展规划》	国务院

除中国外，世界其他国家也纷纷将突破机器人技术、发展机器人产业摆在本国科技发展的重要地位。美、日、韩、欧等国家和地区都非常重视机器人技术与产业的发展，将机器人产业作为战略产业，纷纷制订各自的机器人国家发展战略规划，如表 6 - 2 所示。

表 6 - 2　其他代表性国家机器人战略规划

战 略 规 划	国家和地区
NRI 国家机器人发展计划	美国
先进机器人单元技术战略开发计划	日本
欧洲机器人研究与应用路线图	欧洲
IT839 计划	韩国

　　进入 21 世纪，全球服务机器人行业也进入了高速发展的黄金时代。根据中国电子学会报告，2013—2021 年平均负荷增速为 12%。其中，服务机器人占比约 131.4 亿美元。受益于人工智能技术的不断发展和下游应用需求的持续旺盛，服务机器人行业应用场景和服务模式不断拓展，带动行业规模高速增长，全球服务机器人在全球机器人市场中的结构占比逐年提高。在服务机器人体系中，物流机器人又是全球专业服务机器人最大的细分市场，在新零售、电子商务等发展助推下，开始广泛应用于写字楼、医院等室内场景和社区、工业园区等室外场景，市场热度逐步提升。

　　在应用需求的拉动下，我国服务机器人市场快速增长，行业发展整体接近国际水平。根据电子学会报告，2019 年我国机器人市场规模已增至 86.6 亿美元，其中服务机器人占比约 25.4%。国内服务机器人的快速发展，主要得益于应用需求的旺盛以及多元化落地场景优势，我国在机器视觉和智能语音等人工智能领域技术的创新不断加快，行业发展整体接近国际领先水平。

6.2　服务机器人的定义与划分标准

1. 服务机器人的定义

　　服务机器人作为机器人家族的新分支，尚没有一个十分严格的定义。国际机器人联合会(IFR)将服务机器人定义为一种半自主或全自主工作的机器人，它能完成有益于人类健康的服务工作，区别于从事工业生产的设备。按照此项定义，工业机械臂如果应用于非制造业，也可被认为是服务机器人。

2. 服务机器人的划分标准

　　服务机器人的分类标准主要有三种：实体形态、应用领域、外体形态。

　1) 按照实体形态划分

　　按照实体形态的不同，服务机器人可分为虚拟服务机器人和实体服务机器人。虚拟服务机器人已经广泛商业化，例如银行、电信系统的自动客服应答系统，苹果的 Siri、微软的小冰等都是虚拟服务机器人。实体服务机器人就是通常意义下的具备实物的机器人，包括导购、送餐、陪护、教育机器人等，实体服务机器人主要用于基于功能性需求的场景。

　2) 按照应用领域划分

　　我国国家标准化管理委员会 2020 年重新修订的机器人分类标准 GB/T 39405—2020 将服务机器人从应用领域进行了划分，即个人/家用服务机器人(Personal/Household Service Robot)和公共服务机器人(Public Service Robot)，前者是指在居家换环境或类似环境下使用的，以满足使用者生活需求为目的的服务机器人，主要用于家务、娱乐、陪伴、康复等；后者是指在住宿、餐饮、金融、清洁、物流、教育、文化和娱乐等领域的公共场合为人类提供一般服务的商用机器人。几种典型的服务机器人如图 6-2 所示。

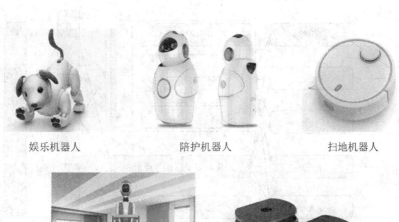

娱乐机器人　　　　　陪护机器人　　　　　扫地机器人

送餐机器人　　　　　　　　物流机器人

军事机器人

图 6-2　几种典型的服务机器人

物流机器人

3）按照外体形态划分

根据外体形态的不同以及是否具有类人特征，服务机器人可划分为人形机器人和非人形机器人。前者不仅包含头、躯干、四肢，其行为、决策和感知的方式也类似于人。

6.3　服务机器人行业的产业链组成

服务机器人行业的产业链可分为上游、中游和下游。其行业体系如图 6-3 所示。

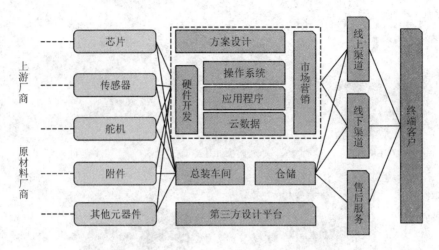

图 6 - 3　服务机器人行业体系

　　上游企业是指生产各种服务机器人所需零部件的零部件供应商或材料供应商。其中,主要零件包括电子器件、微处理器、机器人用伺服电机、高精度减速器、传感器、电池、单片机、舵机等,归属于标准零部件、电子设备以及电子元器件等。我国处于上游的服务机器人企业以致力于图形识别、芯片环节的企业居多,例如新松机器人和科沃斯机器人。新松机器人公司深耕工业机器人和移动机器人领域多年,主要为服务机器人产品提供硬件、移动、导航等方面的技术支撑;科沃斯机器人公司掌握代码实现和芯片烧录等核心环节,在路径规划和全局规划技术方面也处于行业领先地位,产品中以智能清扫机器人最为突出。

　　中游制造环节包括总装厂、操作系统提供商、云系统提供商等,例如优必选科技、克路德、康力优蓝和云迹科技。优必选科技的核心技术为人形机器人驱动伺服舵机、步态规划和运动控制,产品矩阵丰富;克路德主要专注于场景定制化,包括银行、商场、幼儿园、商业展厅、智能家居等;康力优蓝产品线较广,优势技术为 AI、语音识别和智能感应等;云迹科技主要专注于室内的定位导航技术,在 10～100 m 距离的酒店场景,其酒店定制服务机器人行业技术领先。

　　下游则主要是医疗、家用、农用、军事等行业和领域的消费和流通环节,销售渠道分为线上和线下。线下渠道分为直营和分销两种形式,具有产品体验和品牌展示等功能,有利于产品的品牌建设;线上渠道包括线上 B2C、电商平台入仓和线上分销商等形式,相比线下渠道价格优势明显,是家务机器人主要销售渠道。

6.4　服务机器人的核心技术

6.4.1　智能机器人的核心技术模块划分

　　整个服务机器人产业主要建立在三大核心技术模块之上:**人机交互及识别模块、环境感知模块、运动控制模块**。人机交互及识别模块主要包括语音识别、语义识别、语音合成、图像识别等,相当于人的大脑;环境感知模块借助于各种传感器、陀螺仪、激光雷达、相机、摄像头等，相当于人的眼、耳、鼻、皮肤等；运动控制模块包括舵机、电机、芯片等。依托于三大模块，整合基础硬件（如电池模组、电源模组、主机、控制器、专用芯片等）、系统（如 ROS、Linux、安卓等）、算法、控制元件，形成满足具有一定行走能力和交互能力的服务机器人整机，并在此基础上形成各种基础应用开发，例如基于机器人操作系统开发的控制类 APP、管理类 APP 和各类应用程序 APP 等，进而催生出行业可共用的庞大数据群体服务，如群组服务、云服务、大数据服务等。服务机器人核心模块与技术如图6-4 所示。

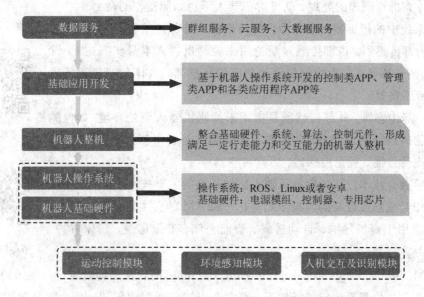

图 6-4　服务机器人核心模块与技术

　　服务机器人三大模块可以继续细分为语音模块、语义模块、图像模块、感知模块、运控模块、芯片模块。重要性排序依次为：语音模块、语义模块、芯片模块、图像模块、感知模块、运控模块。成熟度排序依次为：语音模块、图像模块、运控模块、感知模块、语义模块、芯片模块。在服务机器人的各个细分模块中，语音模块的重要性和成熟度均最高，语义模块则是目前突破重点，而运控模块的重要性相对最低。

　　从第一代以鼠标和键盘的交互方式为特点的 PC 互联网，到第二代以触屏、GPS 等交互方式为特点的移动互联网，再到今天以多模态人机交互方式为特点的第三代互联网，服务机器人产业底层的逻辑就是人机交互方式的发展和演变。随着语音交互、视觉图像交互、动作交互、脑电波交互等多模态人机交互技术的逐步发展和成熟，这些第三代人机交互方式将会深层次地改变我们日常生活的应用场景。同时，一场第三代互联网的主流终端模式和服务内容入口的竞争也在同步进行。

　　人机交互是服务机器人场景化不可或缺的环节。在传统的交互模式中，使用的大多是单一单向的交互方式。在人机对话中，尤其是多轮人机对话，涉及语音理解、语义分析、情感分析、动作捕捉等多个维度。为了进一步提高服务机器人对所处环境的动态"解读"能力，单一模态感知技术显然已不再适应机器人的高速发展需求，因此多模态交互技术应运而生。多模态融合了视觉、听觉、触觉、嗅觉等交互方式，其表达效率和表达的信息完整度要优于传统单一的交互模式。

6.4.2　环境感知模块

1. 感知系统

感知系统主要由能够感知不同信息的传感器构成，这些传感器属于硬件部分，包括视觉、听觉、触觉、味觉、嗅觉等传感器。如在视觉方面，目前多是利用摄像机作为视觉传感器，它与计算机相结合，并采用电视技术，使机器人具有视觉功能，可以"看到"外界的景物，经过计算机对图像的处理，就可对机器人下达如何动作的命令。

感知系统中的传感器可细分为内部传感器和外部传感器。

（1）内部传感器。内部传感器是指用来检测机器人本身状态（如手臂间的角度）的传感器，多为检测位置和角度的传感器，具体包括位置传感器、角度传感器等。

（2）外部传感器。外部传感器是指用来检测机器人所处环境（如检测物体及距物体的距离）、状况（如检测抓取的物体是否滑落）的传感器，具体包括距离传感器、视觉传感器、力觉传感器等。

视觉检测抓取

多传感融合技术已成为服务机器人感知环境的主要技术，其中应用最为广泛且相对成熟度较高的当属激光雷达＋SLAM 的自主定位导航技术，已被广泛应用于商场导购、自动送餐、智能仓储、安全巡逻、病床看护、除尘清扫等。

动态地图构建

SLAM(Simultaneous Localization And Mapping)的含义是即时定位与地图构建，指的是机器人在自身位置不确定的条件下，在完全未知的环境中创建地图，同时利用地图进行自主定位和导航。SLAM 问题可以描述为：机器人在未知环境中从一个未知位置开始移动，在移动过程中根据位置估计和传感器数据进行自身定位，同时建造增量式地图。

2. 自主定位导航系统

成熟的自主定位导航系统需具备三大特征。

（1）实时定位。实时定位不仅需要更为精准的距离精度，其对状态的更新频率要求也更高，而目前常用的 GPS 只能实现半米的精度，其实时位置更新频率也无法满足要求。定位包括相对定位和绝对定位。相对定位主要依靠内部本体感受传感器如里程计、陀螺仪等，通过给定初始位姿，测量相对于机器人初始位姿的距离和方向来确定当前机器人的位姿，也叫做航迹推算(Dead Reckoning，DR)；绝对定位主要采用主动或被动标识、地图匹配、GPS、导航信标进行定位。位置的计算方法包括三角测量法、三边测量法和模型匹配算法等。

（2）绘制地图。车载导航的地图是由专人绘制的，但在家庭、商场、建筑工地等环境中，结构环境更替无规则，很难通过人为操作来绘制实时地图，所以需要机器人能在没有人工干预的情况下对所处环境的结构进行绘制。

（3）路径规划。导航仪与机器人自主导航的核心都是路径规划，不同之处在于导航仪的路径规划是由人来决定的，而机器人则是用算法决定的，如谷歌的无人驾驶汽车，主要的工作量都在导航算法上。从原理上来讲，机器人绘制的地图是任何方向都可以走的，但现实并非如此，所以机器人需要通过进一步的路径规划来避障或控制越障行为。

　　激光雷达是一种传感器，在自主定位导航系统中，激光雷达作为 SLAM 的重要入口，其性能以及对监测信息的提取与整合也是整个技术的难点所在。服务机器人如果要实现精确的服务，满足复杂场景下的用户需求，除了精准的定位，还需要结合定位信息对环境进行识别。目前在任何具有精准高效要求的自主定位场合，应用激光雷达都是主流的技术方案。表 6-3 展示了激光雷达和视觉定位方式的对比。

表 6-3　激光雷达和视觉定位方式的对比

	定位范围	是否能获取地图	配置	环境适应性	稳定性	价格
视觉定位	0.1~2 m	无法获取地图	需要配置额外传感器材才能躲避障碍物	需要合理光源	稳定性差	低
激光雷达	0.01~0.1 m	可以获取地图	无需配置额外传感器材，支持自主避障	不需要光源，环境适应强	稳定性强，不会产生累计误差	高

　　激光雷达是"机器之眼"，能够获得周边环境的点云数据模型，现在多用于在测量中有一定精度要求的领域，或需要测量自身与人体距离的智能装备，在测量与人的距离这一功能上尚无完美替代方案。然而，激光雷达的缺点也同样明显，其在大雨、大雪等恶劣天气中的使用效果会受到影响。相对于激光雷达，毫米波雷达虽然精度不高、视场小，但测量距离远，可以达到 200 m，刚好弥补了激光雷达的短板。因此，目前具有移动功能的智能设备都是采用激光雷达、摄像头、毫米波雷达、超声波传感器、GPS 这五类传感器或其中某几个的组合来实现自主移动功能。这五种传感器各具特征，各自有所侧重，一般在复杂系统中组合使用，同时还需要加载深度图像识别与其配合，共同完成对环境的感知。激光雷达"眼"中的世界如图 6-5 所示。

图 6-5　激光雷达"眼"中的世界

3. 五类传感器

1) 激光雷达

激光雷达通过发射 n 条激光，利用三角测距原理（低成本方案）或 TOF（Time of Flight，飞行时间）（高成本方案）来测量周围物体与自身的距离，获得精度较高的距离信息——点云数据。激光雷达按照激光束的数量可以分为 1 线、4 线、8 线、16 线、32 线、64 线激光雷达。多个激光束排列在一个竖直的平面呈不同角度发射出去，经高速旋转或电子方式形成了对于空间的三维扫描，n 线激光雷达就相当于一次性打出了 n 个平面，激光束的数量决定了三维空间的覆盖面和点云数据的密度。德国西克激光雷达产品如图 6-6 所示。

图 6-6　德国西克激光雷达产品

2) 摄像头

摄像头获得观察画面，对每一帧画面进行算法处理，能够识别物体、判断位置。摄像头必须先识别再测距，如果无法识别则无法测距。优点在于摄像头是目前唯一能够辨别物体的传感器。但是摄像头同时具有三个缺点：

(1) 在逆光或光影复杂的地方难以使用；

(2) 依赖算法，能否辨别物体完全依赖样本的训练，样本未覆盖的物体将无法辨别；

(3) 摄像头对于行人的识别具有不稳定性，如穿着吉祥物套装或着装颜色与背景相似的人或搬运东西的人极有可能无法识别。Intel 公司摄像头产品如图 6-7 所示。

图 6-7　Intel 公司摄像头产品

3) 毫米波雷达

毫米波雷达可发射波长为 1~10 mm 的电磁波，根据反射波的时间差及强度等来测量距离，如汽车毫米波雷达的频段主要为 24 GHz 和 77 GHz。毫米波雷达的优点在于性价比较高；缺点是行人的反射波容易被其他物体的反射波埋没，难以分辨，无法识别行人。因此，毫米波雷达在测距领域具有较高性价比，但是其无法探测行人是一个致命弱点，只能应用于自适应巡航系统等，如 ADAS 系统。BOSCH 公司毫米波雷达产品如图 6 - 8 所示。

图 6 - 8　BOSCH 公司毫米波雷达产品

4）超声波传感器

超声波传感器可发射振动频率高于声波的机械波，根据反射波测量距离。其优点在于探测物体范围极广，能够探测绝大部分物体，且具有较高的稳定性；缺点是一般只能探测 10 m 以内的距离，无法进行远距离探测。因此，超声波传感器广泛应用于倒车雷达，在自动驾驶领域常常作为短距离雷达，如自动泊车辅助系统。美国 BANNER 公司超声波传感器产品如图 6 - 9 所示。

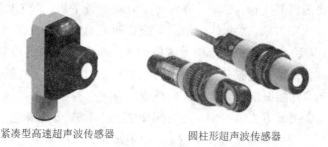

紧凑型高速超声波传感器　　　　　　圆柱形超声波传感器

图 6 - 9　美国 BANNER 公司超声波传感器产品

5）GPS

GPS 可以获得自身相对于全局的位置信息。其优点在于技术较为成熟，能够实现在全局视角的定位功能；缺点在于无法获得周围障碍物的位置信息。具备定位功能的 GPS 与前几个探障类传感器往往需要搭配使用。

4. 典型应用案例解析

美国波士顿动力（Boston Dynamics）作为一家专注于高性能特种机器人研发的高新科技公司，其不仅在机器人设计、运动控制技术领域全球领先，在机器人自主定位导航方面成绩同样显著。公司的著名产品包含在国防高等研究计划署（DARPA）出资下替美国军方开发的四足机器人——波士顿机械狗，以及 DI-Guy——一套用于写实人类模拟的现成软件。2008 年至 2020 年期间，该公司已相继推出多款具有灵巧运动能力及自主巡航能力的双足、四足以及轮足机器人，如 LS3、Spot、Handle 等，并陆续投放市场。LS3 四足机器人外界探测传感器分布图如图 6 - 10 所示。

　　　　　图 6 - 10　LS3 四足机器人外界探测传感器分布图

　　早期适用于野外复杂环境的大负重四足机器人 LS3 的出现,将一家原本默默无闻的公司成功带入了公众的视野,并在全球范围内掀起了研发多足机器人的热潮。LS3 是基于犬类动物仿生的典范,不仅具有动物的外形,同时在高负重情形下可走、可跑、可爬,在复杂非结构化环境中也能以其优越、稳定、协调的能力而如履平川。LS3 机器人导航系统的配置主要取决于实际使用需求,常规使用情况下配备两台可旋转的三维激光扫描仪,可实现对引导员的跟踪,对机身等高和机身斜上方的树木与大尺寸岩石等障碍物的感知和识别。水平安装在机身前部的激光扫描仪,可以检测机身正前方、左侧、右侧几乎 360°范围之内的所有高位障碍物,并能识别引导员的准确位置。为防止与斜上方的树枝之类的障碍物发生刮擦,LS3 增加了斜上方安置的另一台激光扫描仪。LS3 可准确定位树木的当前位置,自主导航系统采取避绕的策略实施安全行走。由于激光探测距离可达 30 m,因此对于距离机身较远的障碍物可快速识别,有利于提早实施路径规划。激光扫描仪在 LS3 中目前发挥着很关键的作用,比起早期的 BigDog,重要性明显提升。

　　对于沟壑和处于低位的各种岩石障碍物,LS3 采用和 BigDog 相同的视觉导航方法。利用立体视觉检测凹陷的沟壑和凸起的岩石,根据起伏程度,机器人可自主选择跨越、避绕或直接趟过去,其实就是利用运动控制地形还原能力,自主适应复杂地形。视觉地形还原是 BigDog/LS3 机器人的自主地形感知方法。视觉地形还原主要是针对机器人正前方脚下 4 m×4 m 范围之内的地形起伏情况,利用立体视觉可测量景深的功能,准确测量地形起伏变化的数据信息。

6.4.3　人机交互及识别模块

1. 自动语音识别技术

自动语音识别技术(Automatic Speech Recognition)是一种将人的语音转换为文本的技

术。由于语音信号的多样性和复杂性,语音识别系统只能在一定的限制条件下获得令人满意的性能,或者说只能应用于某些特定的场合。自动语音识别的总体过程是:语音输入,然后前处理得到数字信号,再进行声学特征的提取,进行模式匹配,处理后得到结果。技术过程是:先对语音切除,再进行声学特征提取,然后对其进行分帧,得到多维向量表达的若干帧,再把帧识别为状态(难点),每三个状态合组合为 1 个语素,再把语素组合为单词。语音语义识别流程如图 6 - 11 所示。

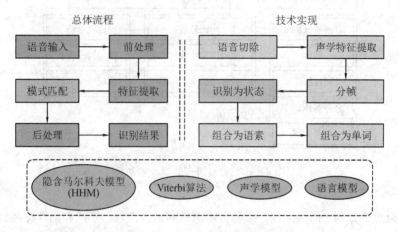

图 6 - 11　语音语义识别流程

语音识别发展历史可细分为三阶段:**规则阶段、统计阶段**以及**深度学习阶段**。规则阶段主要是指 20 世纪 50 年代到 20 世纪 70 年代,语音技术整体受制于硬性规则主导,发展缓慢,以 IBM 公司为例,区区几百个单词的正确识别率不及 70%;统计阶段主要指 20 世纪 70 年代到 20 世纪末,语音语义技术发展进入高速期,统计与规则并行,语音识别、词性分析、句法分析等问题均得到了较好的解决;21 世纪初,由于计算能力增强,语音技术有了重大突破,基于深度学习的语音语义识别技术得到大力推广,识别精度也大幅度提升。语音语义技术的发展进程如图 6 - 12 所示。

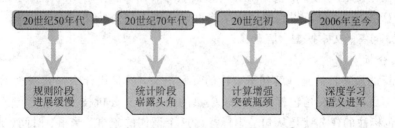

图 6 - 12　语音语义技术的发展进程

自动语音识别从规则到统计再到深度学习,目前错误率已达到了商用门槛。以国际上公认衡量自动语音水平的参数语音识别错误率(WER)为标准,国际上占据全球市场 60% 份额的第一大语音公司 Nuance 为包括苹果在内的财富 100 强公司中的三分之二提供语音技术服务,其 WER 在 10% 左右。Google 依靠强大的深度学习,在 2015 年率先将 WER 降低至 8%。国内语音实力最强的科大讯飞也达到了 15% 的使用门槛,针对会议演讲等场景达到 5% 以上的识别率,特别针对中文的部分方言也达到了实用门槛。

2. 自然语言处理技术

自然语言处理技术(NLP)是用于处理人类自然语言中词法和句法的高效识别技术，其大致分为三个层面：词法分析、句法分析和语义分析。虽然目前 NLP 对词法与句法处理已经取得了不错效果，但对语义的理解还仅仅停留在表层。自然语言处理技术结构如图 6 - 13 所示。

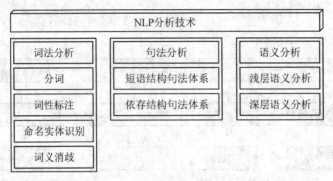

图 6 - 13　自然语言处理技术结构

1) 词法分析

词法分析包括分词、词性标注、命名实体识别和词义消歧。分词和词性标注好理解。命名实体识别的任务是识别句子中的人名、地名和机构名称等命名实体。每一个命名实体都是由一个或多个词语构成的。词义消歧是指要根据句子上下文语境来判断出词语的真实意思。

2) 句法分析

句法分析是将输入的句子从序列形式变成树状结构，从而可以捕捉到句子内部词语之间的搭配或者修饰关系，这一步是 NLP 中关键的一步。目前研究界存在两种主流的句法分析方法体系：短语结构句法体系和依存结构句法体系。其中依存结构句法体系现在已经成为研究句法分析的热点。依存结构句法体系表示形式简洁，易于理解和标注，可以很容易地表示词语之间的语义关系，比如句子成分之间可以构成施事、受事、时间等关系。这种语义关系可以很方便地应用于语义分析和信息抽取等方面。依存结构句法体系还可以更高效地实现解码算法。句法分析得到的句法结构可以帮助上层进行语义分析以及一些应用，例如机器翻译、问答、文本挖掘、信息检索等。

3) 语义分析

语义分析的最终目的是理解句子表达的真实语义，但是用什么形式来表示语义一直没有能够很好地解决。语义角色标注是比较成熟的浅层语义分析技术。给定句子中的一个谓词，语义角色标注的任务就是从句子中标注出这个谓词的施事、受事、时间、地点等参数。语义角色标注一般都在句法分析的基础上完成，句法结构对于语义角色标注的性能至关重要。

在自然语言处理中，词义消歧仍然是技术的瓶颈所在，且中文相比于英文更难。自然语言处理的基本流程如下：

(1) 切词，就是把输入的字符串分解成为词汇单位，这是自然语言处理的先行环节；

(2) 词类标注；

(3) 语法理论；

（4）词义消歧。

随着计算科学的发展，自然语言未来的处理方式仍要依靠深度学习技术。自然语言处理流程及难点如图 6 - 14 所示。

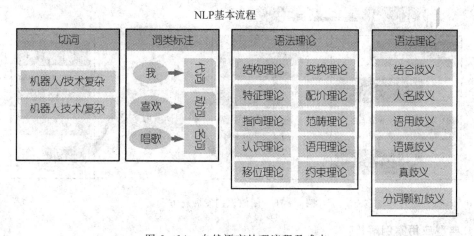

图 6 - 14　自然语言处理流程及难点

3. 图像识别技术

人类感觉信息中的 80% 都是视觉信息。图像识别是计算机对图像进行处理、分析和理解，以识别各种不同模式的目标和对象的技术。识别过程包括图像预处理、图像分割、特征提取和判断匹配。简单来说，图像识别就是计算机如何像人一样读懂图片的内容。借助图像识别技术，我们不仅可以通过图片搜索更快地获取信息，还可以产生一种新的与外部世界交互的方式，甚至会让外部世界更加智能地运行。图像识别过程如图 6 - 15 所示。

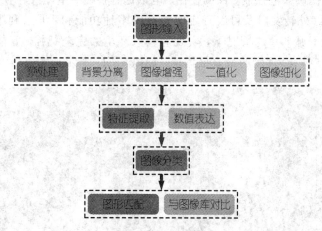

图 6 - 15　图形识别过程

图像识别的应用领域非常广泛。从工业视觉到人机交互，从视觉导航到虚拟现实，从安全领域到医学图像，从自动解释到遥感分析，这些功能在未来的服务机器人上都非常重要。然而，到目前为止，图像识别技术并不完善，仍然面临许多困难。从目前的技术演变来看，未来图像识别的突破同样将依靠深度技术，具体体现在以下三方面：

（1）计算能力。可通过 CPU、GPU、分布式架构等提高计算能力。

（2）大数据。数据量越多，一般来说越有利于机器学习。

（3）算法。目前主流的算法是深度学习的 CNN 算法和 RNN 算法。

图像识别发展新方向如图 6-16 所示。

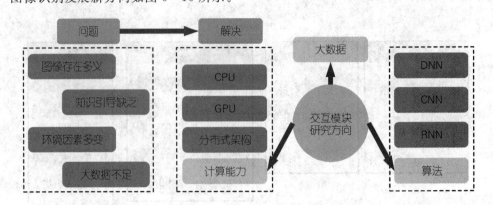

图 6-16　图像识别发展新方向

4. 典型应用案例解析

1）智能家居

智能家居（Smart home，Home automation）是以住宅为平台，利用综合布线技术、网络通信技术、安全防范技术、自动控制技术、音视频技术将家居生活有关的设施集成，构建高效的住宅设施与家庭日程事务的管理系统，提升家居安全性、便利性、舒适性、艺术性，并实现环保节能的居住环境。

智能家居是在互联网影响之下物联化的体现。智能家居通过物联网技术将家中的各种设备连接到一起，提供家电控制、照明控制、电话远程控制、室内外遥控、防盗报警、环境监测、暖通控制、红外转发以及可编程定时控制等多种功能和手段。利用与"管家"终端的交互，几乎可以在不挪半寸的情况下，实现对全家环境的完全把控。智能家居是当前信息时代背景下"人机一体化"理念的最直接体现，如图 6-17 所示。

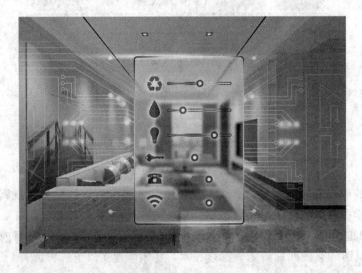

图 6-17　智能家居

2）理想汽车

理想汽车是一个豪华智能电动车品牌，以"创造移动的家，创造幸福的家"为使命，公司于 2015 年 7 月创立，总部位于北京，自有的生产基地位于江苏常州。2020 年 7 月 30 日，理想汽车在美国纳斯达克证券市场正式挂牌上市。理想汽车内饰如图 6-18 所示。

图 6-18　理想汽车内饰

理想汽车志在提供更高级的辅助驾驶：智能化方面，采用了全栈自研的理想 AD 高级辅助驾驶系统，通过将智能语音系统重构，理想 ONE 将成为全球唯一提供"全车自由对话功能"的智能语音座舱，用户可以在车内任意位置实现连续自由的对话功能；智能座舱方面，理想汽车将开创空间智能技术的研发，让智能服务于车里的每一位家庭成员。

6.4.4　运动控制模块

1. 服务机器人常用作动器

服务机器人本体通常并非是固定不动的，动态的存在形式能够给人们提供更好的便捷体验。从目前来看，应用于服务机器人的驱动形式主要有两种：液压驱动和电机驱动。在液压驱动阵营中，最有代表性的当属美国波士顿动力机器人公司研发的 Atlas。

2016 年 2 月，工程师利用 3D 打印技术将液压元件嵌入到了 Atlas 身体，通过液压控制并采用力矩控制的算法，实现了雪地行走和摔倒爬起等动作，技术复杂但是非常成功；电机驱动阵营中，最有代表性的为本田公司的 Asimo，其自 2000 年第一次亮相至今，经过不断发展已经实现了基本的弯腰、握手、跳舞等功能，但是在控制精度和稳定性方面仍然有待提高。虽然液压驱动具有功/重比高、响应速度快、逆驱性好等优势，但由于液压驱动体积大、能效低、系统复杂等原因，尽管在军事应用方面前景较好，但是在家庭应用领域，电机控制将是主流。Atlas 与 Asimo 机器人如图 6-19 所示。

Atlas　　　　　　　　　　　　　　　　Asimo

图 6-19　Atlas 与 Asimo 机器人

　　从移动形式角度来看,可将服务机器人细分为两种:滚动行进式和步态行走式。滚动行进式即机器人与地面接触的为轮子或履带,且这种接触是持续性的;步态行走式即机器人与地面相对运动的完成主要依靠机器人肢体部分有规律地间歇性摆动,机器人与地面的接触点是离散的,一般不具规律性。鉴于自身运动特性限制,滚动行进式服务机器人的移动驱动多采用电机,被驱动滚动体多采用麦克纳姆轮,不仅成本低而且移动更为灵活,缺点是无法在非结构环境中使用,滚动行进式服务机器人的典型代表为国外的 Pepper、国内的康力优蓝等;步态行走式服务机器人一般采用关节驱动,即作动器直接与关节同轴安装,或将驱动不同关节的作动器集中安装在某一关节处。机器人的几种典型驱动应用案例如图6-20 所示。

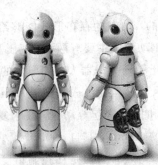

Pepper　　　　　　　康力优蓝　　　　　　优必选Walker X　　　　优必选"优优"

图 6-20　机器人的几种典型驱动应用案例

相比于滚动行进式，步态行走式的驱动形式除了电机与液压缸之外，还有一种较为常用的作动器——舵机，因其体积精巧、扭矩合适，故非常适用于服务机器人的关节驱动。典型带有舵机驱动的机器人包括国外的 Nao 机器人、Asimo 机器人，国内的优必选等。舵机是步态服务机器人的核心部件，也叫伺服电机，包含了电机、传感器和控制器，是一个简单而完整的伺服电机系统，最早用于船舶以实现其转向功能。由于舵机可以通过程序连续控制其转角，得到比较精准的位置、速度或力矩输出，因而广泛用于机器人各类关节运动中。但由于步态机器人自由度（关节数）众多（优必选 Alpha 1S 有 16 个自由度，本田 Asimo 第三代有 57 个自由度），因此步态机器人的舵机价格相对比较敏感。服务机器人用舵机如图6-21 所示。

韩国Robotics Dynamixel系列舵机

图 6-21　服务机器人用舵机

2. 服务机器人常用运动控制算法

在运动控制上，服务机器人主要涉及定位导航和平衡性两方面。在定位导航方面，服务机器人需要完成定位、建图和路径规划。在平衡性方面，纵观市面上的服务机器人，九成以上都是轮式或履带式，足式机器人相当少见。相比于足式，轮式和履带式底盘的确具有更强的稳定性、可靠性和耐用性，从当前市场来看，这两种底盘是最适宜的选择。然而，从长远的角度来讲，足式机器人才是未来趋势。轮式和履带式底盘将服务机器人的运动范围局限在了平地和一点点坡度的地面，而在未来，服务机器人的服务范围必将扩大，行走环境也将变得多样化，比如楼梯，因而其底盘也必须得到改变。

服务机器人如需完成一种确定的运动或工作，一般需经历两个过程：规划与执行。其中在规划阶段根据目的与方法的不同又可细分为运动规划、路径规划和轨迹规划。

（1）运动规划（Motion planning）。运动规划是指在给定的位置 A 与位置 B 之间为机器人找到一条符合约束条件的路径，包括行进的路径以及行进的方式。运动规划通常又称运动插补，插补就是按给定曲线生成相应逼近轨迹的方法，其实质是对给定曲线进行"数据点的密化"。常用的运动规划方法有逐点比较插补法、时间分割法。

（2）路径规划（Path planning）。连接起点位置和终点位置的序列点或曲线称为路径，构成路径的策略称为路径规划，其目标是使路径与障碍物的距离尽量远，同时使路径的长度尽量短。路径规划只有几何属性，与时间无关，只关心位置，通常应用在任务层级的规划或者平面移动机器人的运动规划中。

（3）轨迹规划（Trajectory planning）。轨迹规划是指规划机器人执行运动时的速度及加速度，即在路径规划的基础上加入时间序列信息，对机器人执行任务时的速度与加速度进行规划，目的是使轨迹曲线更加平顺或使运动速度可控等。轨迹规划具有时间属性，每个时刻对应有位置、速度、加速度等属性，两点之间还要涉及速度、加速度插值，常用算法包括梯形速度曲线等底层的轨迹插值算法。

不管是运动规划、路径规划还是轨迹规划，三者都离不开环境交互系统的检测信息引导。

执行，即基于机器人自身各种运动检测传感器及与环境交互传感信息的反馈，有序地通过本体的协调控制完成在线或是离线规划的运动任务。机器人作为一种复杂的自动化系统，其自身具有非线性、强耦合、多变量时变等特性，高速运动时各关节惯量变化较大、耦合强烈，低速时摩擦、饱和等非线性效应明显，这都给机器人的稳定运动控制带来了极大的挑战。

根据是否考虑机器人的动态特性，控制算法可分为无模型控制算法和基于模型控制算法两类。在无模型控制算法中，PID（Proportional Integral Derivative）控制是应用最广的也是最经典的控制算法之一，被广泛应用于各类机器人的控制当中。但 PID 控制通常针对定常系统，控制参数的保守限制了增益带宽，导致存在较大的时滞误差，难以满足机器人系统的非线性时变需求，因此现在较常用的很多都是基于 PID 的改进控制算法，例如非线性PID、模糊 PID、滑膜 PID 以及神经网络 PID 等。为了更为贴合机器人的分线性要求，近年来各种适用于非线性强耦合系统的控制算法被相继提出，其控制效果也在包括服务机器人在内的各类机器人上得到了很好的验证，例如自抗扰控制、鲁棒控制和自适应控制等。

3. 补充知识点

1）自抗扰控制

自抗扰控制由我国学者韩京清提出，并由后续众多学者不断进行完善，其核心思想在于：如果扰动可以被精确地估计及补偿，则被控对象理论上可看成是无干扰模型，便可使用简单的控制方法轻松实现其运动控制。自抗扰控制由跟踪微分器（TD）、扩张状态观测器（ESO）和非线性反馈三部分组成。由于自抗扰控制器结构简单、计算效率高、抵抗不确定外界扰动能量强，因此自抗扰控制是一种使用性很强的控制算法。

2）自适应控制

自适应控制是指通过测量被控对象状态和轨迹跟踪误差等信息，实时掌握受控对象的不确定性，用来更新主控制结构参数，以提高控制性能。自适应控制是一种带参在线实时评估系统，其本质是从闭环误差反馈模型中提取系统状态信息，通过自适应算法调节控制器参数，以实现对系统的实时补偿。缺点在于系统参数在线识别计算量大，难以保证高速应用中的控制实时性。此外，受控模型突变或外界扰动较大时，预估系统参数无法收敛于真实值，系统稳定性保障困难。自适应控制算法结构多样且复杂，包括了自适应迭代控制、自适应神经网络控制、全状态模糊自适应反馈控制、切换学习 PI 控制、基于多层神经网络的自适应控制等。

3）基于动力学模型的控制方法

近年来，基于动力学模型的控制方法越来越受到重视，并被认为是能提高机器人动态特性和跟踪精度最为有效的方法。通常，基于模型控制的方案有两种：一种是机器人模型动态补偿控制，另一种是机器人动力学模型前馈控制。模型动态补偿控制算法实际是在系统内控制回路中引入了一个模型动态补偿控制器，目的是根据机器人动力学实际特性对动态变化进行补偿，使得经内控制回路作用后的机器人系统可以简化为一个易控系统。如果机器人的动力学模型足够精确，通过反馈补偿这种方式，能较好地解决非线性时变问题，同时提高控制器的动态响应和对轨迹跟踪的控制性能。模型动态补偿控制包括连续有限时间控制、自适应鲁棒控制、滑膜变结构控制等。但这种方式也存在诸多难点：

（1）多数机器人的动力学模型复杂，参数随位姿时变，且存在强耦合，导致精确获取动力学参数困难。

（2）多数方法需要实时计算机器人动力学参数，存在计算复杂等问题，且复杂计算难以满足高带宽力矩环控制要求。

（3）计算控制律时，需要实时获取关节的加速度信息，加速度一般由速度差分而来，这便使得加速度信号带有大量噪声，严重影响控制性能。

4）基于动力学前馈的控制方法

基于动力学前馈的控制方法主要由前馈通道和反馈通道组成。前馈通道主要用于机器人动力学特性的补偿，反馈通道用于解决系统不确定性扰动的问题。与模型动态补偿控制不同的是，动力学模型前馈控制输入为关节期望运动指令，在信号品质上远高于实际采用值；另外，虽然动力学模型前馈控制计算复杂度高，但可通过预存储或设置背景程序来解决动力学前馈实时性问题，有利于控制算法的具体实施。因此，机器人动力学前馈控制技术成为当前工业上实现机器人高品质运动性能的核心技术之一。但从目前来看，动力学前馈控制在机器人上的应用推广仍然非常缓慢，主要原因在于：首先，对于模型的精度要求较高；其次，算法虽然理论上能在不同程度满足高精度和高响应要求，但目前仍然停留在理论模型仿真阶段，实际实施仍然困难重重。

6.4.5　其他关键技术模块

1. 智能芯片技术

芯片是指内含集成电路的硅片，是机器人的大脑。芯片包括通用芯片和专用芯片，通用芯片不限使用领域，而专用芯片一般专门为服务机器人定制。

通用芯片向深度神经网络方向发展如火如荼。传统的 CPU 是计算机的核心，在图形处理和深度神经网络的计算上，GPU 表现出更强的性能，而 2015 年 Intel 收购 Altera 的主要产品 FPGA 使现场可编程门阵列性能更加优异。中端 FPGA 能够实现 375GFLOPS 的性能，功耗仅为 10～20 W，与 CPU 和 GPU 相比，FPGA 在深度神经网络（DNN）预测系统中的性能更加出色。DNN 系统用于语言识别、图像搜索、OCR、面部识别、网页搜索以及自然语言处理等。相同功率时，在 32 线程下，FPGA 的速度/功耗比约为 CPU 的 42 倍，约为 GPU 的 25 倍。

　　专用芯片以智能算法和仿生两条主线并行。专用芯片又称为"人工智能芯片""神经网络芯片"等,目前专用芯片有两种思路:以智能算法为主线和以仿生为主线,两者的典型代表分别为寒武纪 1 号、IBM Ture North。寒武纪 1 号的主频可以达到 0.98 GHz,处理速度相当于同等面积下 CPU 的 100 倍。即便与最先进的 GPU 相比,寒武纪 1 号的人工神经网络处理速度也不落下风,而其面积和功耗远低于 GPU 的 1/100。IBM True North 在复杂性和使用性方面取得了突破:4096 个内核,100 万个"神经元"、2.56 亿个"突触"集成在直径只有几厘米的芯片上,能耗不到 70 mW。通用芯片与专用芯片对比如表 6 - 4 所示。

表 6 - 4　通用芯片与专用芯片对比

对比项目	通用芯片	专用芯片
市场流通	容易	受制于国家或是企业,流通限制
可扩展性	良好	不易
可移植性	好	差
软件复杂度	高	低
开发周期	长	短
产品	CPU、GPU、FPGA	寒武纪 1 号、IBM True North

　　对于机器人来说,由于涉及深度神经网络,故在计算量上将会更大。通用芯片中 GPU 和 FPGA 在解决这个问题上优于传统 CPU,且扩展性和移植性较好,但是软件复杂度较高,开发周期较长。相比之下,专用芯片能实现更高的效率和更低的功耗,但是目前整体处于研发阶段,根据目前的资料,虽然其扩展性和软件移植性不如通用芯片,但是软件复杂度和开发周期优于通用芯片。两种芯片各有千秋,未来预计会呈现二者并存的局面。

2. 操作系统

　　全球机器人主流操作系统是安卓和 ROS,两者均基于 Linux 内核。安卓由 Google 公司开发,在商用领域有广泛应用,占据智能手机和平板电脑的绝大部分市场份额。实现了手机平台的爆发后,安卓又被广泛用在不同设备上。鉴于安卓开源和定制化的特性,在手机上得到广泛应用后,在电子书、智能电视、智能机器人、智能眼镜、智能手表、智能耳机等领域,安卓不断地攻城略地,截至 2015 年底,安卓被用在 24 093 种不同的设备上,比上年增长了 28%。ROS 系统 2007 年诞生于斯坦福人工智能实验室,当时是为了支持一个名为 STAIR 的项目,在项目之初,机器人平台集合了所有的 AI 方法,包括机器学习、视觉、导航、计划、推理、语音和语言处理。2008 年到 2013 年,Willow Garage 与超过 20 家研究机构的工程师一起合作开发 ROS 系统。2013 年 2 月,ROS 的管理工作转移到 Open Source Robotics Foundation。2013 年 8 月,Willow Garage 公司被它的创立者转为另一家创立者成立的公司 SuitableTechnologies 的子公司,Willow Garage 对 PR2 的支持工作随后交给了 ClearpathRobotics。2010 年至今,搭载 ROS 系统的机器人类型数从 0 起步增加至目前的 106 种,应用主要偏向于工业机器人和工业控制领域,以移动机器人和智能交互机器人为主,包括著名的 Pepper 和 NAO。目前已经有很多机器人公司采用了 ROS 系统来开发一些应用于全新市场的产品，如 ClearPath、Rethink、Unbounded、Neurala、Blue River 等，最典型的就是 Willow Garage 的 PR2 机器人。几种机器人操作系统对比如表 6 - 5 所示。

表 6 - 5　几种机器人操作系统对比

对比项目	安卓系统	ROS 系统	其他系统
是否开源	是	是	一般不开源
是否具有集成程序包	有大量现成程序	有 2000 多个工具包	基本没有
是否支持多语言	支持	支持 C++、Python、Octave 和 LISP	支持
应用实例	优必选	Neurala/Roomba	奥飞动漫

国产操作系统也在孕育发展。Turing OS 是中国首批人工智能级可商用的机器人操作系统之一，是具备情感和思维能力的机器人操作系统，商业应用前景广阔。Turing OS 拥有情感、思维、自学习三大引擎，情感计算引擎已支持 25 种语言类情感识别，识别准确率达 95.1%，而在情感表达方面，Turing OS 支持 468 类情感语言表达，88 套表情动作表达组合，120 种声音语调，能够让机器人模拟人类 80% 的情感表达模式。据图灵机器人后台数据显示，在近一年时间内其与超过 13 万的合作伙伴和开发者达成长期合作，共享知识库达到 15 亿项，应用领域累计覆盖用户超过 3 亿人次，进而每天可收集和积累亿级的用户大数据，在中文语言处理方面处于领先地位。

3. 仿生材料与结构

自然界中生物经过亿万年长期进化，其结构与功能已达到近乎完美的程度，实现了机构与功能，局部与整体的协调和统一。服务机器人作为机器人的一个重要分支，从仿生学角度出发，吸收借鉴生物系统的结构、性状、原理、行为以及相互作用，能够为机器人的功能实现提供必要的技术支撑，其中仿生皮肤、人工肌肉及结构驱动一体化设计是当前及未来服务机器人发展的重要课题。当然，仿生材料与机构能够为未来机器人实现多功能高效率发展提供必要的技术储备。一个很重要的问题是，必须具备相应的光机电微纳加工工艺及传感驱动执行一体化设计能力，这对于仿生结构材料的未来应用至关重要。

4. 模块化自重构

模块化自重构机器人通过对多个单一的模块化智能单元进行可变构形设计、运动规划及控制，以达到提升机器人运动能力、负载能力及对环境适应能力的效果。自重构机器人的核心问题主要体现在模块的几何拓扑分布及相应的整体刚度。从自重构机器人发展的初衷来看，未来自重构机器人面临着大规模机载并行计算及结构化或是非结构化环境下长时间完全自主能力实现的挑战。

5. 纳米系统

服务机器人的一个重要应用是希望其能够在狭小空间里开展探测或是执行任务。目前，微纳型医疗机器人及军用侦察机器人正成为服务机器人研究的一个热点，而其核心技术在于创新并集成多功能低功耗传感及驱动模块。

6.5　服务机器人的发展趋势与展望

在世界范围内，机器人技术属于战略高技术，除了国防军事、智能制造装备、资源开发以外，美国、日本、欧洲等国家和地区对于发展未来服务机器人产业也十分重视。中国工业生产型机器人需求强劲，有望形成一定规模的产业，但服务性机器人产品形态与产业规模还不清晰，需要结合行业地方经济与产业需求试点培育。尽管如此，服务机器人在服务于国家安全、重大民生科技等工程化产品应用，及与此相适应的模块化标准和前沿科技创新研究发展上有着迫切需要。

服务机器人技术发展主要趋势为智能化、标准化、网络化，具体为：由简单的机电一体化装备，向以生机电一体化和多传感器智能化等方面发展；由单一作业，向服务机器人与信息网络相结合的虚拟交互、远程操作和网络服务等方面发展；由研制单一复杂系统，向将其核心技术、核心模块嵌入高端制造等相关装备方面发展。另外，服务机器人的市场化要求家庭化、模块化、产业化成为未来服务机器人应用发展的趋势。

服务机器人技术越来越向智能机器技术与系统方向发展，其应用领域也在向助老助残、家用服务、特种服务等方面扩展，在学科发展上与生机电理论与技术、纳米制造、生物制造等学科进行交叉创新，研究的科学问题包含新材料、新感知、新控制和新认知等方面。而涉及服务机器人的需求与创新、产业、服务及安全之间的辩证关系依然是其发展的核心原动力与约束力。

(1) 需求与创新。目前仍缺乏机器人先进适用的核心技术与部件突破，包括仿生材料与驱动构件一体化设计制造技术，智能感知、生机电信息识别与人机交互技术，不确定服役环境下的动力学建模与控制技术，多机器人协同作业、智能空间定位技术等方面，同时没有形成和开放相对统一的体系结构标准，软硬件分裂。

(2) 需求与产业。学界与产业界缺乏对服务机器人明确的产品功能定义；消费者对服务机器人产品价格(性价比)敏感；企业看不见有一定批量的不可替代实用化功能的机器人产业带动；缺乏行业标准，产品面市前尚需国家有关方面及时理顺市场准入机制，制定行业标准、操作规范以及服务机器人评价体系。

(3) 需求与服务。围绕客户需求，以深化和拓展应用、优化服务、延伸产业链为目标，鼓励应用技术和服务技术的研发；创新服务模式，通过政策杠杆促进新的商业模式的形成，培育服务消费市场，推进机器人服务业的发展；发展机器人租赁业，采用租赁方式有利于减少用户购买产品的风险，通过出租可增加与顾客接触的机会，掌握顾客的需求，增加销售机会；发展机器人保险，设置相应的保险机制，避免由于服务机器人安全问题，对产业可持续发展造成影响，包括服务机器人系统、软件、外围设备等；创新服务机器人服务业的发展模式，促进服务机器人的终端消费，大力推广服务机器人产品，使广大消费者更多地了解并使用服务机器人产品；稳步推进私人购买服务机器人的补贴试点，在促进服务机器人产业产品的消费上给予更大支持；大力支持服务机器人的服务市场拓展和商业模式创新，创新产业的收入模式，注重从客户角度出发，提供独特的、个性化的、全面的产品或服务，促进技术进步和产业升级；努力建设服务机器人应用示范基地，以机器人的一体化生产、综合利用下游产业链、产品商业化，特别是以各种政策作为主要示范内容；由政府搭建某些公益性服务机器人的示范平台，并且具备良好的配套措施。

（4）需求与安全。基于安全体系标准，制定服务机器人的安全体系法律法规，包括使用者的安全、服务机器人本身的安全以及服务机器人对于人类社会的安全要求等；通过广泛的讨论适时推出服务机器人安全与道德准则，以立法的形式规范人类对服务机器人的制造和使用，确定人类与服务机器人之间的关系，防止人类与服务机器人之间的"虐待"或伤害，明确规定人类与服务机器人的权利、义务与责任。定义服务机器人的行为规范，包括如下内容：Isaac Asimov 机器人三大定律，防止滥用与虐待服务机器人，在使用服务机器人过程中有可能涉及的其他道德、伦理与情感依赖等社会问题。

第7章　特种机器人研究热点问题

　　工业机器人、个人服务机器人、公共服务机器人以外的机器人都统称为特种机器人。随着科技的发展，特种机器人已经"入侵"到了生活中的各个领域，并且扮演着重要的角色，使我们的生活更加方便、快捷，甚至成为了我们生活的一部分。

　　本章将介绍特种机器人的发展现状、特种机器人的定义与划分标准、特种机器人应用。

7.1　特种机器人的发展现状

　　近年来，全球特种机器人性能持续提升，智能化不断升级。随着特种机器人的智能性和对环境的适应性不断增强，其在军事、防暴、消防、采掘、建筑、交通运输、安防监测、空间探索、防爆、管道建设等众多领域的应用前景也越来越广阔。

7.1.1　全球特种机器人发展现状

　　相对于工业机器人的大规模应用与服务机器人的热潮迭起，特种机器人一直都显得颇为"低调"。然而出人意料的是，2017年，全球特种机器人市场规模已达到了56亿美元，如图7-1所示。

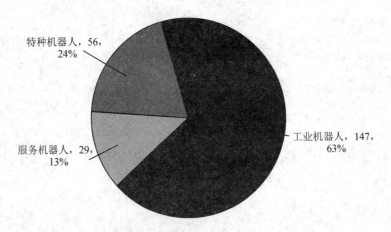

图 7-1　2017 年全球机器人市场结构(亿美元)

　　近年来，全球特种机器人整机性能持续提升，不断催生新兴市场，引起各国政府高度关注。其中，美国、日本和欧盟在特种机器人创新和市场推广方面全球领先。美国提出"机器人发展路线图"，计划将特种机器人列为未来十几年的重点发展方向。日本2015年提出"机器人革命"战略，涵盖特种机器人、新世纪工业机器人和服务机器人三个主要方向，计划 5 年内实现市场规模翻番，扩大至 12 万亿日元，其中特种机器人将是增速最快的领域。欧盟在 2014 年启动全球最大民用机器人研发项目，将启动"火花"计划，在未来几年内投入 28 亿欧元，开发包括特种机器人在内的机器人产品并迅速推向市场。2012—2020 年全球特种机器人销售额及增长率如图 7-2 所示。

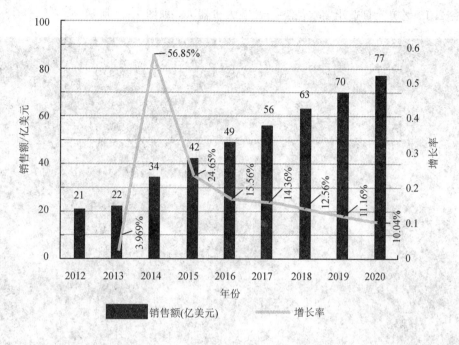

图 7-2　2012—2020 年全球特种机器人销售额及增长率

目前，特种机器人的发展有以下特点：

（1）技术进步促进智能水平大幅提升。当前特种机器人应用领域不断拓展，所处的环境变得更为复杂与极端，传统的编程式、遥控式机器人由于程序固定、响应时间长等问题，难以在环境迅速改变时作出有效的应对。随着传感技术、仿生与生物模型技术、生机电信息处理与识别技术的不断进步，特种机器人已逐步实现"感知—决策—行为—反馈"的闭环工作流程，具备了初步的自主智能。与此同时，仿生新材料与刚柔耦合结构也进一步打破了传统的机械模式，提升了特种机器人的环境适应性。

（2）替代人类在更多特殊环境中从事危险劳动。当前特种机器人已具备一定水平的自主智能，通过综合运用视觉、压力等传感器，深度融合软硬系统，以及不断优化控制算法，特种机器人已能完成定位、导航、避障、跟踪、二维码识别、场景感知识别、行为预测等任务。例如，波士顿动力公司已发布的两轮机器人 Handle，实现了在快速滑行的同时进行跳跃的稳定控制。随着特种机器人的智能性和对环境的适应性不断增强，其在军事、防暴、消防、采掘、建筑、交通运输、安防监测、空间探索、防爆、管道建设等众多领域都具有十分广阔的应用前景。

（3）救灾、仿生、载人等领域获得高度关注。近年来全球多发的自然灾害、恐怖活动、武力冲突等对人们的生命财产安全构成了极大的威胁，为提高危机应对能力，减少不必要的伤亡以及争取最佳救援时间,各国政府及相关机构投入重金加大对救灾、仿生、载人等特种机器人的研发支持力度,如日本研究人员在开发的救灾机器人的基础上,创建了一个可远程操控的双臂灾害搜救建筑机器人。与此同时,日本软银集团收购了谷歌母公司Alphabet 旗下的两家仿生机器人公司波士顿动力和 Schaft,韩国机器人公司"韩泰未来技术"花费 2.16 亿美元打造出"世界第一台"载人机器人,如图 7-3 所示。

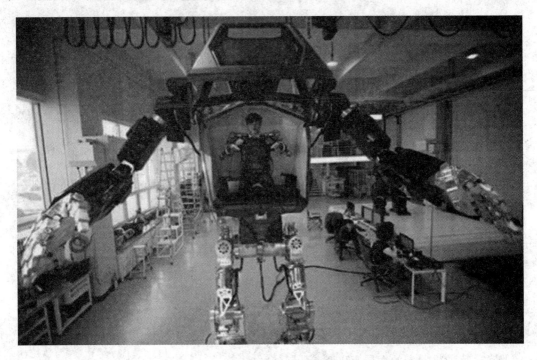

图 7-3 "世界第一台"巨型载人双足机器人

(4) 无人机广受各路资本追捧。近年来,无人机在整机平台制造、飞控和动力系统等方面都取得了较大进步。无人机产业发展呈现爆发增长的态势,市场空间增长迅速,无人机已成为各路资本关注的重点。如 Snap 收购无人机初创公司 Ctrl Me Robotics,卡特彼勒集团战略投资了美国无人机服务巨头 Airware,英特尔收购了德国无人机软件和硬件制造商MAVinci。

7.1.2　我国特种机器人发展现状

当前,受利好政策扶持、技术升级优化、人口红利消失等因素影响,我国机器人市场迎来发展。除了工业机器人、服务机器人,特种机器人的规模也不容小觑。近年来,全球特种机器人整机性能持续提升,不断催生新兴市场。在政策引导带动下,我国特种机器人技术水平不断进步,各种类型的产品不断出现,市场蓄势待发。在应对地震、洪涝灾害和极端天气,以及矿难、火灾、安防等公共安全事件中,对特种机器人有着突出的需求。2016 年,我国特种机器人市场规模达到 6.3 亿美元,增速达到 16.7%,略高于全球特种机器人增速。其中,军事应用机器人、极限作业机器人和应急救援机器人市场规模分别为 4.8 亿美元、

1.1亿美元和0.4亿美元，其中极限作业机器人是增速最快的领域。随着我国企业对安全生产意识的进一步提升，将逐步使用特种机器人替代人在高危场所和复杂环境中进行作业。至2023年，特种机器人的国内市场需求有望突破180亿人民币。此外，特种机器人以3D打印、智能机器人为代表的国家产业政策助力产业发展，在全国范围内出现爆发式增长。同时，各地特种机器人产业基地相继开工，特别是上海、哈尔滨、重庆等地发展迅猛，2017年，我国机器人市场结构和2012—2020年我国特种机器人销售额及增长率如图7-4和图7-5所示。

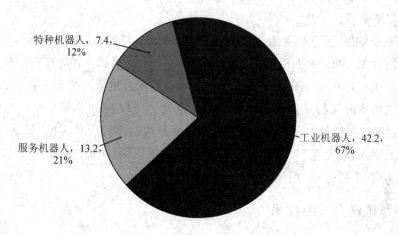

图 7-4 2017 年我国机器人市场结构(亿美元)

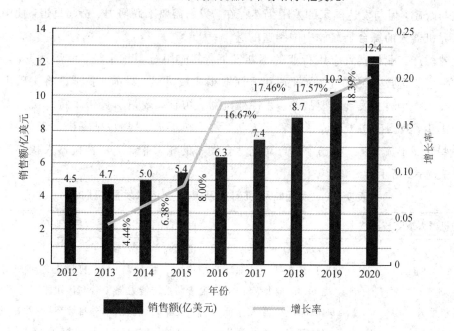

图 7-5 2012—2020 年我国特种机器人销售额及增长率

　　我国特种机器人发展取得的显著成就如下：

　　(1) 国家扶持带动特种机器人技术水平不断进步。我国政府高度重视特种机器人技术研究与开发，并通过"863"计划、特殊服役环境下作业机器人关键技术主题项目及深海关键技术与装备等重点专项予以支持。目前，在反恐排爆及深海探索领域部分，相关关键核心技术已取得突破，例如室内定位技术、高精度定位导航与避障技术，汽车底盘危险物品快速识别技术已初步应用于反恐排爆机器人。与此同时，我国先后攻克了钛合金载人舱球壳制造、大深度浮力材料制备、深海推进器等多项核心技术，使我国在深海核心装备国产化方面取得了显著进步。

　　(2) 特种无人机、水下机器人等研制水平全球领先。目前，在特种机器人领域，我国已初步形成了特种无人机、水下机器人、搜救/排爆机器人等系列产品，并在一些领域形成优势。例如，中国电子科技集团公司研究开发了固定翼无人机智能集群系统，成功完成 119 架固定翼无人机集群飞行试验；我国中车时代电气公司研制出世界上最大吨位深水挖沟犁，填补了我国深海机器人装备制造领域空白；新一代远洋综合科考船"科学"号搭载的缆控式遥控无人潜水器"发现"号与自治式水下机器人"探索"号在南海北部实现首次深海交会拍摄。

7.1.3　特种机器人核心技术

　　经过近 40 年的发展，我国机器人技术在基础研究、产品研制、制造水平等方面均实现了突破与跨越，但与发达国家的差距仍然存在。我们需要不懈努力、奋起直追，使中国机器人在世界机器人的舞台上绽放中国制造的魅力。

　　随着国产工业机器人应用行业的不断发展，其应用范围越来越广，渗透率越来越高，我国在一些关键技术突破与多元化应用方面取得积极进展。目前，我国已将突破机器人关键核心技术作为科技发展重要战略。在特种机器人方面，政策引导带动特种机器人技术水平不断进步，我国已初步形成了特种无人机、水下机器人、搜救/排爆机器人等系列产品，并在一些领域形成优势。根据中国自动化学会发布的相关报告，特种机器人核心技术发展规划如表 7-1 所示。

表 7-1　我国特种机器人及其核心技术发展规划

特种机器人或其核心技术	现状	近期(2020 年)	远期(2030 年)
特种机器人	只有在某种已知环境下、面向特定任务时，特种机器人才能够在某些方面表现出自主性	机器人在复杂环境中的自主导航、制导与控制能力提升，机器人可以摆脱人的持续实时遥控，部分自主地完成一些任务	机器人能够应对需要较高认知能力的环境(野外自然环境)并在不依赖人遥控的条件下自主运行

特种机器人或其核心技术		现状	近期(2020 年)	远期(2030 年)
机器人本体技术	驱动技术	电、液、气等驱动方式是主流,且驱动性能不高	驱动性能提升;轻量化、小型化、集成化技术快速发展	新的驱动方式(化学驱动、核驱动、生物驱动)出现并逐渐成熟
	机构构型	传统的机构、构型在灵巧性、效率方面性能不高	仿生机构技术快速发展,机构性能大幅提升	仿生运动机构可能展现出类生物的运动性能
传感与控制技术	运动控制	常规条件下的运动控制技术已经成熟,复杂条件下的运动控制性能仍然不高	运动控制技术趋于成熟,可支持机器人在复杂条件下安全地完成一些复杂的运动	鲁棒控制、自适应控制技术得到广泛应用,机器人能够实现大部分机动运行模态
	感知	非结构化环境建模技术、特定目标识别技术等面向特定任务的感知技术逐渐成熟	动态环境感知、长时期自主感知等技术趋于成熟,环境认知能力仍然不足	机器人感知能力大幅增强,感知精度和鲁棒性得到大幅提升,机器人将具备一定的态势认知能力
智能性与自主性技术	导航规划决策	面向特定使命和环境的导航与规划技术成熟,短期内,机器人的决策自主性仍然不高,需要依靠操控人员进行决策	导航与规划算法中对于不确定因素的处理趋于成熟,算法实时性得到极大改善,机器人能够针对特定的任务进行决策	导航与规划中系统不确定性的内在处理机制成熟,实施导航与规划实现机器人能够在部分复杂环境中(极地、海洋、行星等)实现自主决策
	学习	面向特定任务(如目标识别、导航等)的学习理论趋于成熟,可提高任务完成效率	自主学习理论发展迅速,机器人可以实现面向任务的自主发育式学习	自主学习理论发展趋于成熟,认知学习,长期学习,机—机、人—机全自主学习(通过观察,交互)等技术迅速发展

7.2　特种机器人的定义与划分标准

7.2.1　特种机器人的定义

根据 GB/T 36239—2018 规定，特种机器人（Special Robot；Professional Service Robot）是应用于专业领域，一般由经过专门培训的人员操作或使用的，辅助和/或代替人执行任务的机器人。注：特种机器人指除工业机器人、公共服务机器人和个人服务机器人以外的机器人，一般专指专业服务机器人。

7.2.2　特种机器人的划分标准

特种机器人主要根据其所应用的主要行业、使用空间、运动方式、功能进行分类。

1. 按行业分类

根据特种机器人所应用的主要行业，可将特种机器人分为：农业机器人、电力机器人、建筑机器人、物流机器人、医用机器人、护理机器人、康复机器人、安防与救援机器人、军用机器人、核工业机器人、矿业机器人、石油化工机器人、市政工程机器人和其他行业机器人。

1）农业机器人

农业机器人是应用于农业生产的机器人的总称。近年来，随着农业机械化的发展，农业机器人正在发挥越来越大的作用，改变了传统的农业劳动方式，提高了农民的劳动力，促进了现代农业的发展。如已经投入使用的除草机器人、西红柿采摘机器人等，如图 7-6 和图 7-7 所示。

图 7-6　除草机器人

西红柿采摘机器人

图 7-7　西红柿采摘机器人

2）电力机器人

电力机器人主要包括发电领域机器人、输电领域机器人、变电领域机器人、配电领域机器人、用电领域机器人等。图 7-8 是一款电力巡检机器人，该机器人是以智慧变电站设计要求，完成相关设备全面巡检的智能化监测装置。电力巡检机器人具备自主导航、定位、充电、巡检等功能，应用红外热成像和高清视频双视结合技术，能够精准识别各类仪表读

高压开关柜操作巡检机器人

图 7-8　电力巡检机器人

数及设备的电流、电压致热现象，及时发现设备缺陷，提高巡视效率，真正实现机器人在多种复杂环境中的智能巡检。

3）建筑机器人

建筑机器人是应用于建筑领域的机器人的总称，包括房屋建筑机器人、土木工程建筑机器人、建筑安装机器人、建筑装饰机器人等。随着全球建筑行业的快速发展和劳动力成本的上升，建筑机器人迎来了发展机遇。图 7-9 所示是一款地坪研磨机器人，主要用于去除混凝土表面浮浆，可有效解决现有的作业模式研磨扬尘大、施工现场环境恶劣、劳动强度高、质量和效率低下、研磨作业完成后还需要人工清扫灰尘等痛点问题，整体工效约为人工作业的 2 倍。

墙面喷漆机器人

图 7-9　地坪研磨机器人

4）物流机器人

物流机器人主要包括仓储机器人、分拣机器人、运输机器人、派送机器人等。目前，随着工业 4.0 产业升级对国内制造及物流场景的快速应变能力的要求不断提高，AMR 作为高度自动化的柔性设备，将会是未来产业升级自动化的大方向。AMR 机器人将会是企业打造智慧工厂、智慧物流必不可少的一部分。凯乐士在移动机器人领域深耕多年，先后推出多款适应多场景的移动机器人。基于模块化设计和高标准测试，凯乐士的 AMR 机器人稳定性更强，更能适应多变的环境。凯乐士掌握核心控制技术，自主研发了视觉 SLAM 及激光导航等技术，定位及导航精度行业领先。配合避障等算法技术，凯乐士的 AMR 设备具备环境感知能力，在智能化上领先于同行，在落地应用上更具优势。AMR 搬运机器人如图 7-10 所示。

无人商超机器人

图 7-10　AMR 搬运机器人

5）医用机器人

医用机器人是指用于医院、诊所的医疗或辅助医疗的机器人，是一种智能型服务机器人，它能独自编制操作计划，依据实际情况确定动作程序，然后把动作变为操作机构的运动。医用机器人种类很多，按照不同用途，有临床医疗用机器人、护理机器人、医用教学机器人和为残疾人服务的机器人等。图 7-11 所示为一款可穿戴外骨骼机器人，它不仅能预防老年人意外摔倒，还可以帮助残疾人进行康复训练。

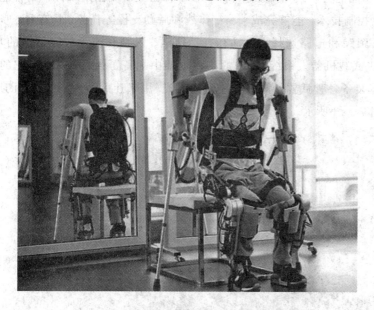

按摩理疗机器人

图 7-11　可穿戴外骨骼机器人

6）安防与救援机器人

安防与救援机器人主要包括安保机器人、警用机器人、消防机器人、救援机器人等。图 7-12 所示为一款 RXR-M80D-TG61 通用型履带式消防灭火机器人，主要由控制箱（遥控器）、机器人底盘、车载大流量多功能水炮、车载气体检测、车载视频采集设备、环境侦测设备、声光报警警示及自保设备等组成。该消防机器人适用于部分火灾现场的火势控制、洗消、降温、环境信息采集等，同时具有防爆、越障能力强、拖拽能力强的特点。

图 7 - 12　RXR-M80D-TG61 消防灭火机器人

7）军用机器人

军用机器人（Military Robot）是一种用于军事领域（侦察、监视、排爆、攻击、救援、清理等）的具有某种仿人功能的自动机器人。近年来，各国都已经研制出第二代军用智能机器人，其特点是采用自主控制技术，能够完成侦察、作战和后勤支援等任务，具有看、嗅和触摸能力，能够实现地形跟踪和道路选择，并具有自动搜索、识别和消灭敌方目标的功能。MAARS（模块化的先进武装机器人系统）在它的小型框架中配备了强大的火力。它的模块化设计允许它的控制器装备各种武器，例如非致命的激光（用来迷惑敌人）、催泪瓦斯，甚至是榴弹发射器，如图 7 - 13 所示。

图 7 - 13　MAARS 军用机器人

8）核工业机器人

核工业机器人主要包括核军工作业机器人、核动力厂运维机器人、核技术应用作业机器人、核设施应急作业机器人、核设施退役机器人。近年来，我国核工业机器人研发及应用取得了不凡的成果。中核集团承担了国家"863"等重大科研项目，实现了各种核电关键设备检修机器人的工程应用，正在开展研制全新一代的高可靠性、高耐辐射性，且具备一定人工智能的检修机器人；开展了核燃料、核应急机器人以及强辐射环境下应急处置机器人的系列研究工作，如"灵蜥"机器人、爬行检测机器人、应急处置机器人等等，并已应用到工程实践。此外，上海交通大学"973"项目实现了核电站紧急救灾机器人设计能力的突破，中广核研制成功首套核电应急机器人，如图 7-14 所示。

图 7-14　核电应急机器人

9）矿业机器人

矿业机器人主要包括矿产勘探机器人、矿业开采机器人、矿物运输机器人、矿物分选机器人、矿山救灾机器人等。中国矿业大学是国内率先开展煤矿救援机器人研发的单位，经过十多年的努力，研发了多种类型的 CUMT 系列煤矿救援机器人。其中 CUMT-V(A)型煤矿救援机器人于 2016 年在山西大同塔山煤矿进行了现场示范应用，并取得了很好的应用效果，为煤矿救援机器人的研发应用积累了宝贵的经验。图 7-15 所示为在 CUMT-V(A)型煤矿救援机器人的基础上研发的 CUMT-V(B)型机器人。

图 7-15　煤矿救援机器人

10) 石油化工机器人

石油化工机器人主要包括石化勘探机器人、石化开采机器人、石化输送机器人、石化加工机器人、石化储存和罐装机器人等，其他的机器人机制还有监测石油平台的机器人狗，以及检查管道泄漏的陆上无人机。无人机可代替工作人员进入高温、易燃、高空等危险区域作业，保障人员安全；结合多角度可见光、热成像和气体探测仪对设备进行检测诊断，信息全面精准；免停工巡检大大提高生产效率；无人机管线巡检与场地勘测已实现高度自动化，与传统人工作业相比效率大幅提升，硬件可靠，数据安全。大疆为解决油气管道巡检研发的无人机如图 7-16 所示。

图 7-16　经纬 M300 RTK 无人机

11) 市政工程机器人

市政工程机器人主要包括设备安装机器人、施工检测机器人、设施设备维保机器人、管道机器人等。市政工程中常采用管道机器人，管道机器人是一种可沿管道内部或外部自动行走，携带一种或多种传感器及操作机械，在工作人员的遥控操作或计算机自动控制下，进行一系列管道作业的机、电、仪一体化系统。图 7-17 所示为武汉天宸伟业物探科技有限

环卫机器人

图 7-17　TS-GD200J 管道机器人

公司生产的管道机器人 TS-GD200J，该系列产品属于新一代数字高清型管道 CCTV 检测机器人，可采用平板、笔记本电脑或者专业工业控制器作为主控，自由选择无线或者有线方式连接操控。机器人代替人员进入城镇排水管道内部，进行电视成像精细检查、实时影像监测并存储视频或抓拍图像，可现场截图判读评估，一键生成符合行业标准规范的检测评估报告，为制订养护、修复方案提供重要分析依据和指导建议。

12）其他行业机器人

该类机器人指应用于上述行业领域以外的特种机器人。

2. 按使用空间分类

根据特种机器人使用的空间（陆域、水域、空中、太空），可将特种机器人分为：地面机器人、地下机器人、水面机器人、水下机器人、空中机器人、空间机器人和其他机器人。

1）地面机器人

地面机器人主要指在地面上使用的特种机器人，主要包括地面作业机器人、山地作业机器人、极地作业机器人、缆索作业机器人、爬壁作业机器人、滩涂作业机器人、无人巡检车、防爆机器人等。图 7-18 所示为国辰机器人设计的室外巡检机器人，该机器人采用轻量化设计，配备丰富功能，工作人员只需提前设定好时间、路线、巡检内容，巡检机器人便可24 小时自主巡检，及时发现和预判周边环境潜在的安全隐患，同时，工作人员可远程监控，实时掌握环境数据，开启无人化管控，可满足园区、社区、学校、工厂、车站等场所的巡检需求。用于地面活动的特种机器人有无人巡检车、防爆机器人等。

警示色带　　拾音器　　激光雷达　　超声波　　噪音传感器　　自主回归充电　　巡检机器人

图 7-18　室外巡检机器人

2）地下机器人

地下机器人主要包括井道作业机器人、管道作业机器人、巷道作业机器人等。石油天然气管道需要定期进行内部的清理、保养，否则一旦发生泄漏，后果不堪设想。但油气管道长达几千公里，清理、保养非常困难。管道作业机器人游走于油气管道内部，通过磁感应传感器收集数据，通过对收集到的数据进行分析，可以判断管道是否需要维护、更换，并可以对管道进行清理、保养。图 7-19 所示为九泰科技研制的 GTR100BX 系列工业管道检测机器人，它是一款具备变倍功能的超清管道内部检测机器人，能够代替人类进入管道内部，通过摇杆控制爬行器的进退、转弯以及镜头的旋转、翻转，可通过轻触式按键进行变倍调焦、拍录、回放等操作，为判断提供及时、详细的图像物证，用于检测管道内部的裂纹、腐蚀、焊缝、异物等缺陷。

图 7 - 19　GTR100BX 系列管道检测机器人

3）水面机器人

水面机器人主要包括水面无人艇、海洋救助机器人等。水面无人艇是一种无人操作的水面舰艇，主要用于执行危险以及不适于有人船只执行的任务，一旦配备先进的控制系统、传感器系统、通信系统和武器系统后，可以执行多种战争和非战争军事任务，比如侦察、搜索、探测和排雷，搜救、导航和水文地理勘察，反潜作战、反特种作战以及巡逻、打击海盗、反恐攻击等。在水面无人艇研发和使用领域，美国和以色列一直处于领先地位。各国都竞相研制无人艇，国内比较知名的单位包括海兰信、哈尔滨工程大学、中船重工 701 所、中船重工 707 所、中科院沈阳自动化所、北京方位智能系统技术有限公司等，无人艇家族正在日益壮大。图 7 - 20 所示为法国 ECA-USV inspector 无人艇，可以完成多种不同的任务：水文及海洋数据获取、港口安全、水下目标或障碍物检测及分类、潜水水下作业平台等。ECA-USV inspector 无人艇长 7～8.5 米，速度可达 35 节，遥控距离达 10 海里。

图 7 - 20　ECA-USV inspector 无人艇

4）水下机器人

水下机器人也称无人遥控潜水器，是一种工作于水下的极限作业机器人。水下环境恶劣危险，人的潜水深度有限，所以水下机器人已成为开发海洋的重要工具。水下机器人主要包括潜水机器人、水下滑翔机器人、水底作业机器人等。作为我国"863"计划重大专项，由中国船舶重工集团公司 702 研究所研制成功的 7000 米潜水器如图 7-21 所示，该潜水器由特殊的钛合金材料制成，在 7000 米的深海能承受 710 吨的重压，运用了当前世界上最先进的高新技术，实现载体性能和作业要求的一体化；与世界现有的载人深潜器相比，具有 7000 米的最大工作深度和悬停定位能力，可达世界 99.8% 的洋底。

图 7-21　潜水器

5）空中机器人

空中机器人主要包括飞行机器人、浮空作业机器人等。空中机器人是一项系统工程，涉及航空理论、计算机、控制、电子、机械、材料和系统工程等多个学科。在具体问题中，又涉及飞行器的设计与制作、控制系统和算法的设计、传感器应用与融合、导航制导、数据通信、图像识别和信号处理等多方面的知识。图 7-22 所示为美国全球鹰无人机，它是一种高空高速长航时无人侦察机，主要用于低、中强度冲突中实施大范围的连续侦察与监视，机身上方有一台涡扇发动机，最大飞行速度为 740 km/h，巡航速度为 365 km/h，航程可达

图 7-22　美国全球鹰无人机

26 000 km，续航时间为 42 h，可以从美国本土起飞到达全球任何地点进行侦察，或者在距基地 5500 km 的目标上空连续侦察监视 24 h，然后返回基地。

6）空间机器人

空间机器人（Space Robots）是用于代替人类在太空中进行科学试验、出舱操作、空间探测等活动的特种机器人。空间机器人主要包括空间舱内机器人、空间舱外机器人、星球探测机器人及空间飞行机器人等。空间机器人代替宇航员出舱活动可以大幅度降低风险和成本。空间机器人是在空间环境中活动的，空间环境和地面环境差别很大，空间机器人工作在微重力、高真空、超低温、强辐射、照明差的环境中，因此，空间机器人与地面机器人的要求也必然不相同，有它自身的特点。首先，空间机器人的体积比较小，重量比较轻，抗干扰能力比较强。其次，空间机器人的智能程度比较高，功能比较全。空间机器人消耗的能量要尽可能小，工作寿命要尽可能长，而且由于工作在太空这一特殊的环境之下，因此对它的可靠性要求也比较高。此外，空间机器人是在一个不断变化的三维环境中运动并自主导航。空间机器人主要从事空间站的建造、航天器的维护和修理、空间生产和科学实验、星球探测等工作。图 7 - 23 所示为美国的"好奇"号火星车。

图 7 - 23　"好奇"号火星车

7）其他机器人

该类机器人指在两种（含）以上作业空间使用的机器人，如两栖、三栖机器人等。

3. 按运动方式分类

特种机器人可按机器人的运动方式分为轮式机器人、履带式机器人、足腿式机器人、蠕动式机器人、飞行式机器人、潜游式机器人、固定式机器人、喷射式机器人、穿戴式机器人、复合式机器人、其他运动方式机器人。

1）轮式机器人

轮式机器人是指用轮子实现移动的移动机器人。迄今为止，轮子是移动机器人和人造交通车辆中最流行的运动机构，其效率高，制作简单。因此在各种移动机构中，轮式移动机构最为常见，且其移动速度和移动方向易于控制。图 7 - 24 所示是一采用四个瑞典轮的轮式机器人。

四轮四转

图 7-24 拥有四个瑞典轮的全向运动机器人

2) 履带式机器人

履带式机器人主要指搭载履带底盘机构，利用履带实现移动的移动机器人。履带移动机器人具有牵引力大、不易打滑、越野性能好等优点，可以搭载摄像头、探测器等设备代替人类从事一些危险工作(如排爆、化学探测等)，减少不必要的人员伤亡。当前履带式机器人主要包括：军用机器人，例如排爆机器人、反恐机器人等；民用机器人，例如消防机器人、救援机器人、巡逻机器人等。图 7-25 所示是一款履带式灭火消防机器人。

图 7-25 灭火消防机器人

3) 足腿式机器人

足腿式机器人是指利用一条或更多条腿实现移动的移动机器人。履带式移动机构虽可以在高低不平的地面上运动，但是适应性不强，行走时晃动较大，在软地面上行驶时效率低。根据调查，地球上近一半的地面不适合传统的轮式或履带式车辆行走。但是一般的多足动物却能在这些地方行动自如，显然足腿式机器人在这样的环境下有独特的优势。

腿足式移动机构对崎岖路面具有很好的适应能力，腿足式运动方式的立足点是离散的点，可以在地面上选择最优的支撑点，而轮式和履带式移动机构必须面临最坏的地形上的几乎所有的点。腿足式机器人的运动方式还具有主动隔振能力，即使地面高低不平，机身的运动仍然可以相当平稳。腿足式机器人在不平地面或松软地面上的运动速度较高，能耗较少。现有的腿足式移动机器人的足数分别为单足、双足、三足、四足、六足、八足甚至更多。足的数目越多，越适合于重载和慢速运动。实际应用中，由于双足和四足具有相对好的适应性和灵活性，也最接近人类和动物，所以用得最多。图 7-26 所示为波士顿动力公司开发的 spot 足腿式机器人，spot 机器人可以收集彩色视觉效果，并使用摄像机执行详细检查；读取测量压力、流量、温度等的模拟仪表，使用 30 倍光学变焦镜头从远处检查仪表；配备激光扫描仪，并对常规扫描路线进行编程，以创建工作场所的数字孪生体，并更快地识别返工。

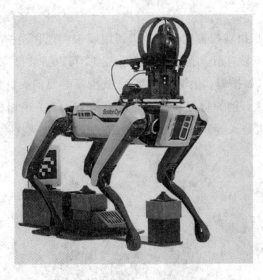

图 7-26　spot 足腿式机器人

4）蠕动式机器人

蠕动式机器人即利用自身蠕动实现移动的移动机器人。图 7-27 所示为以色列班古里昂大学的研究人员研制出的蠕动机器人，即机器人 SAW（单驱动波浪前行的机器人）。SAW 是 3D 打印出的仿生机器人，也是世界上首台利用单驱动产生持续波浪因此得以行动的机器人。换言之，机器人 SAW 是模仿了虫子的生物特性而做前进与后退的动作。事实上，SAW 的运行机制原理更接近海洋动物的运动模式。这种看似简单的起起伏伏的波浪型运动表象，内里机制却是让机器人的行动路径以一种高度简约的方式来完成最高效的成果。也因此 David Zarrouk 研制的机器人 SAW 虽然只能在单向道上取得不凡的成就，但依然获得了业内的较高评价。从名字上我们就知道，SAW 机器人只有一个马达驱动，拥有脊柱状的螺旋结构，整个构造是用 3D 打印的方式制作的。该项目负责人介绍，实验证明了波浪状蠕动非常适合让机器人在砂石等坚硬的表面移动。低重心的特点让他们的机器人有能力克服许多障碍。这种机器人所具有的游泳能力使得它应用前景广阔。最令人感到兴奋的是，它的尺寸非常多样。最小的 SAW 可以做到 1 厘米长，Zarrouk 希望这种尺寸的 SAW 机器人可以帮助医生进行内窥镜检查，甚至是活体组织检查。

图 7-27　以色列蠕动机器人（SAW 机器人）

5）飞行式机器人

飞行式机器人是指利用自身的飞行装置飞行移动的移动机器人，例如旗舰航拍机 DJI Mavic 3，如图 7-28 所示，其搭载了多种 DJI 前沿影像与飞行技术，具有 4/3 CMOS 哈苏相机双摄系统，可成就专业级别影像。它同时实现了 46 分钟超长续航时间，15 千米超远图传距离。Mavic 3 的安全飞行系统包括全向避障、高级智能返航功能，能使飞行从容简单。返航路径上的建筑物等障碍都不是问题，Mavic 3 上全新的高级智能返航功能会自动计算出最佳路线并安全返航。在白天，不论是用户主动点击返航，还是图传信号异常，Mavic 3 都能在确保安全的前提下回到用户身边。用户的航拍创作将不再因为障碍物而中断，Mavic 3 能在飞行过程中时刻探测所有方向上的物体，并灵巧地绕行避障。

图 7-28　DJI Mavic 3

6）潜游式机器人

潜游式机器人是指利用下潜、游动装置实现下潜游动的移动机器人，主要用来执行水下考察、海底勘探、海底开发和打捞、救生等任务。图 7-29 所示为"海斗一号"潜水器，

"海斗一号"是由中华人民共和国科技部"十三五"国家重点研发计划"深海关键技术与装备"重点专项支持，沈阳自动化所联合国内十余家科研单位共同研制的中国首台作业型全海深自主遥控潜水器。"海斗一号"在中国国内首次采用全海深高精度声学定位技术和机载多传感器信息融合技术，搭载的具有完全中国自主知识产权的七功能全海深电动机械手，能完成深渊海底样品抓取、沉积物取样、标志物布放、水样采集等科考作业。该潜水器同时搭载高清摄像系统，可获取不同作业点的深渊海底地质环境、深渊底栖生物运动、海沟典型地质环境变化等影像资料。

图 7 - 29   海斗一号

7）固定式机器人

固定式机器人（半移动式机器人）是指固定在一定区域内无法自主移动作业的机器人，机器人整体固定在某个位置，只有部分可以运动，例如固定式值守机器人，如图 7 - 30 所示。固定式机器人的机座直接连接在地面基础上，也可固定在机身上。由于社会的快速发

图 7 - 30   固定式值守机器人

展,现代工业自动化的需要,机器人机械手在医疗、航天和各种重工业的发展中发挥着越来越重要的作用,因为它可以代替人工来完成一些危险和复杂的工作。

1978 年,美国 Unimation 公司推出和人的手臂类似的 PUMA 系列通用工业机器人,PUMA 560 是具备近似人类某些生物器官的功能,用以完成操作或移动任务,由程序控制的机械电子自动装置,这标志着工业机器人技术日益成熟。PUMA 560 是一款固定式机器人,其基座与立柱结构如图 7 - 31 所示。

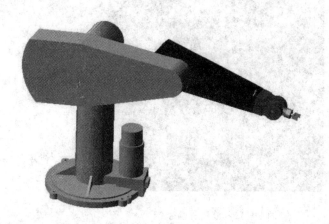

开源协作机器人定版

图 7 - 31 PUMA560

8)喷射式机器人

喷射式机器人是指通过喷射物质产生的反作用力来提供运动能力的机器人。

9)穿戴式机器人

穿戴式机器人的运动形式是适应人体运动的主被动运动方式,该类机器人是可装备于人身的智能机器设备,是协助人可以做各种拓展功能的机器设备。比如机械外骨骼,是一种由钢铁的框架构成并且可让人穿上的机器装置,这个装备可以提供额外能量来供四肢运动。随着外骨骼装备的不断发展完善,及其与数字化单兵系统在更大范围、更深层次的融合,未来的陆军单兵和战斗班组将像"钢铁侠"一样,以小目标、高机动、超灵活、全信息、强火力,以及形散神聚的优势,使步兵的作战与保障效能大幅提升。外骨骼装备作为可以提高士兵战场生存率的一种技术,或许因为它的出现,未来的战争形式将发生重要变化。外骨骼技术在国际上发展迅速。作为未来步兵的必备科技装备,各国都在竞相研发外骨骼技术,并大力促成其与数字化单兵系统相融合,通过提高单兵作战能力使整个部队的战斗力再上一个台阶。在未来的单兵作战领域,外骨骼装备发展最成熟并且最大范围列装军队的国家可能会占据较大的优势。图 7 - 32 所示为中国单兵外骨骼系统,是由中国兵器集团 202 研究所研制的外骨骼系统,于 2015 年 7 月在中国军民融合技术装备博览会上首次亮相。中国单兵外骨骼系统可加装辅助装置,额定负荷平均平地步速为 4.5 km/h,平地行走续航里程为 20 km。该新型外骨骼若装备于部队,可提高高原部队的单兵负重量,提升单兵侦查能力,可执行高原单兵巡逻、山地单兵巡逻、跨越障碍等任务。

图 7 - 32　单兵骨骼系统

10）复合式机器人

复合式机器人是指同时具备两种及以上运动方式的机器人。

11）其他运动方式机器人

该类机器人是指利用其他方式运动的机器人。

4. 按功能分类

特种机器人的功能分类与行业相关，常见的功能主要包括采掘、安装、检测、维护、维修、巡检、侦察、排爆、搜救、输送、诊断、治疗、康复、清洁等。

7.3　特种机器人应用

地面移动机器人是脱离人的直接控制，采用遥控、自主或半自主等方式在地面运动的物体。地面移动机器人的研究最早可追溯到 20 世纪 50 年代初，美国 Barrett Electronics 公司研究开发出世界第一台自动引导车辆系统。由于当时电子领域尚处于晶体管时代，因此该车功能有限，仅能在特定小范围运动，目的是提高运输自动化水平。到了 20 世纪六七十年代，美国仙童公司研制出集成电路，随后出现集成微处理器，为控制电路小型化奠定了硬件基础。到了 20 世纪 80 年代，国外掀起了智能机器人研究热潮，其中具有广阔应用前景和军事价值的移动机器人受到西方各国的普遍关注。在移动机器人的发展中，出现两个机器人大国，一个是日本，另一个是美国。时至今日，各种类型的地面移动机器人纷纷被研制出来，其应用从民用、工业用到警用、军用都有涉及。

7.3.1　地面移动机器人的概念、结构形式

　　针对不同的应用领域、不同的操作需要，移动机器人系统的结构形式也大相径庭，但基本上可以分为轮式、履带式、仿生足式和蠕动爬行式几种结构形式，如图 7 - 33 所示。

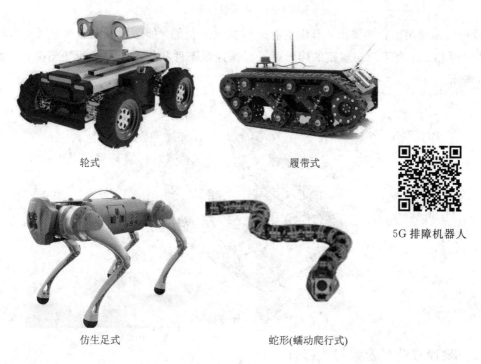

轮式　　　　　　　　　　　履带式

5G 排障机器人

仿生足式　　　　　　　蛇形(蠕动爬行式)

图 7 - 33　地面移动机器人

　　轮式地面移动机器人的车轮形状或者结构形式取决于地面的性质和车辆的承载能力。在轨道上运行的车辆多采用实心轮胎，车轮形状如图 7 - 34 所示。履带机构的常见形状如图 7 - 35 所示。

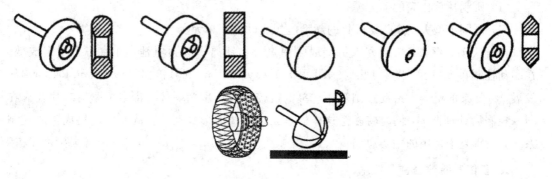

图 7 - 34　车轮形状

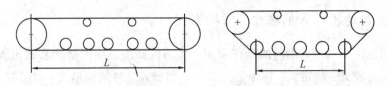

图 7 - 35　履带机构形状

　　根据实际使用场合的要求，履带也有采取其他形状的，如形状可变履带。所谓形状可变履带，是指该机器人所用履带的构形可以根据地形条件和作业要求进行适当变化，如图 7 - 36 所示。

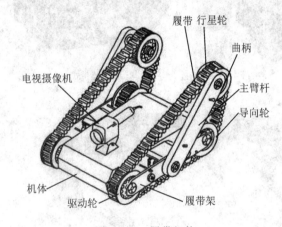

图 7 - 36　履带机构

7.3.2　地面移动机器人的关键技术

　　地面移动机器人系统一般包括机构环节、驱动控制环节、全局反馈环节。离线驱动控制、多传感器数据融合技术、运动学动力学理论等已成为地面移动机器人系统的研究热点。

1. 离线驱动控制

实现离线驱动控制存在两个关键问题。

（1）研制功重比高的动力源；

（2）研制小型大功率、集成化的新型电机驱动控制单元。

在解决动力源方面，研究人员一般采用聚合物锂离子动力电池，并取得了一定成效。在驱动控制单元方面，随着 DSP 技术以及 SOC(System on Chip)和 SIP(System in Package)的发展，将复杂的机器人运动控制算法与单电机控制算法融为一体，将多个驱动芯片挂靠在同一控制微处理器上，同时将多个这样的单元以总线的形式互连，从而构成集成化的控制系统，是研究中采用的主要思路。

2. 多传感器数据融合技术

多传感器数据融合实际上是对人脑综合处理复杂问题的一种功能模拟。与单传感器相比，运用多传感器信息融合技术在解决探测、跟踪和目标识别等问题方面，能够增强系统生存能力，提高整个系统的可靠性和健壮性，增强数据的可信度，提高精度，扩展系统的时间、空间覆盖率，增加系统的实时性和信息利用率等。作为多传感器融合的研究热点之一，融合方法一直受到人们的重视，这方面国外已经作了大量的研究，并且提出了许多融合方法。目前，多传感器数据融合的常用方法大致可分为两大类：随机和人工智能方法。信息融合的不同层次对应不同的算法，包括加权平均融合、卡尔曼滤波法、Bayes 估计、统计决策理论、概率论方法、模糊逻辑推理、人工神经网络、D-S 证据理论等。

3. 运动学动力学理论

目前制约足式移动机器人广泛应用的主要问题是其稳定性。作为一种步行机械，足式移动机器人不仅是多链结构，而且具有时变的运动拓扑，此外还是冗余驱动系统，其运动学及动力学比起工业上的固定基座式机器人要复杂得多。迄今为止仍然缺乏足式移动机器人爬行运动学的系统研究，特别是很少有将该机器人视为一个整体运动链的正运动学研究成果发表。该机器人在进行快速移动、慢速移动、停止、转弯等一系列姿态变换过程中，对其平稳性及运动的连续性要求是很高的，必须时刻保持最佳的运动姿态。因此利用并串联机器人技术的研究来达到多种运动姿态的实现和调整，就成为足式移动机器人的关键技术之一。

7.3.3　地面移动机器人实例

1. 地面侦察机器人

地面侦察机器人是军用机器人中发展最早，应用最为广泛的一类机器人，也是从军事领域转到警用领域应用最广泛、最成熟的类型。这类机器人往往被要求工作在诸如丘陵、山地、丛林等地形的野外环境中，所以必须具有比较强的地形适应能力及通过能力。

Packbot 机器人由美国著名的军用及特种机器人公司 IRobot 开发，是一种轻型地面侦察机器人。Packbot 的意思是背包机器人，其大小跟一只鞋盒差不多，高度不足 20 cm，自身质量为 18 kg，如图 7-37 所示。

图 7-37　Packbot 机器人

Packbot 的可变形履带结构及模块化的设计都成为了移动机器人设计中的经典，很多国内外研究单位和公司都参照 Packbot 的样式开发了许多类似的机器人。Packbot 机器人目前有 3 种型号：侦察型、探险型和处理爆炸装置型，如图 7-38 所示。

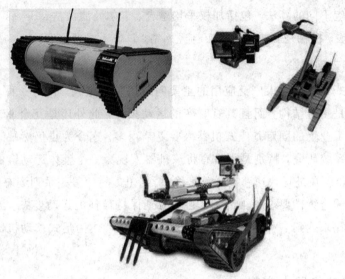

图 7-38　不同型号的 Packbot 机器人

IRobot 公司及 DARPA 在 Packbot 成功的基础上又开始了下一代 SUGV（Small Unmanned Ground Vehicle）的研究，如图 7-39 所示。这种新型机器人更加小型化，具有更轻的重量，但是保持了原有的机动性和通过能力。

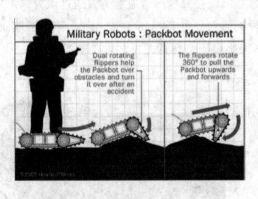

图 7-39　SUGV(Small Unmanned Ground Vehicle)

2. 布控式地面侦察机器人

典型的布控式地面侦察机器人是"龙行者"（Dragon Runner），如图 7-40 所示，它是一种微小型四轮地面侦察机器人，由美国宾夕法尼亚州匹兹堡的卡内基·梅隆大学机器人技术研究所联合美国福吉尼亚海军研究实验室共同研制。它实际上是一种新型的便携式地面传感器，通过建立侦察、监测、搜索及目标信息获取的传感器网络，可以为特种单兵等提供视野之外的战场情况信息，协助单兵执行危险的军事行动或者充当岗哨监听系统。尤其在城市战中，士兵可以事先抛掷这种机器人到窗外、楼梯上或者墙后、街道拐角处等可能有敌人隐蔽埋伏的潜在危险场所，侦察搜集现场信息，从而实施精确打击，减少伤亡。

图 7-40　龙行者(Dragon Runner)

3. 安检机器人

随着国际恐怖活动的日益加剧和局部战争的不断爆发，世界各国都加大了反恐力度。在这种形势下，针对反恐及战场需求的危险品检查机器人成为许多国家，特别是西方发达国家研究的重点之一。综合排爆、侦察、检测等功能，机器人安全检测系统在各种军事基地、军需仓库、机场、公交、港口及大型活动场所中得以大显身手。危险品检查机器人如图 7-41 所示。

图 7-41　危险品检查机器人

2003 年，具有室外安全检查功能的地面侦察机器人 OFRO 投入使用。它由德国的 ROBOWATCH 公司研制，长 104 cm，宽 70 cm，高 140 cm，重 54 kg，负载 20 kg，爬坡角度为 300°，工作时间为 12 h，最大移动速度为 0.7 m/s。OFRO 机器人拥有一个红外摄像机、一个 CCD 摄像机和一个麦克风，可以在白天、夜间进行不间断侦察。在 2006 年德国世界杯期间，德国政府采用 20 台该种机器人进行反恐侦察，其中包括核生化侦察。如图 7-42 所示，在德国法兰克福机场，两名旅客从负责安全检查的 OFRO 机器人旁走过。

图 7-42　地面侦察机器人 OFRO

4. 地面武装侦察车辆

徘徊者(Prowler)是美国机器人防务系统公司设计的得到美国陆军认可的首辆"真正"的军用机器人车。Prowler 是英文 Programmable robot observer with logical enemy response 的缩略语,意即具有逻辑敌方响应能力的可编程机器人观察车。该车作为一种全地形轮式车辆,主要用于执行重要区域边界上的巡逻任务,如图 7-43 所示。

该机器人采用一种(6×6)轮式全地形车辆,采用柴油机作为动力,装在车辆后部,能在最高速度 27 km/h 的情况下载重 907 kg。它采用低压轮胎,具有轮式车辆的优点,车速高,造价低,且故障较少,6 个车轮均采用液压闭锁装置和刹车防滑系统,行程为 250 km。

图 7-43　徘徊者(Prowler)

5. 排爆机器人

在西方国家,恐怖活动始终是个令当局头疼的问题,国外工业发达国家为了维护社会稳定和政治需求,对反恐防暴技术和装备的研发给予了极大的重视和较多的投入。尤其是"9·11"以来,各国更加强了对排爆机器人的研制工作。其中,以色列、美国、英国、法国、日本等国家处于领先地位。目前,排爆机器人移动载体主要有履带式、轮式以及两者的组合等几种方式。

1）MR-5 型排爆机器人

MR-5 为一款新一代排爆机器人（简称 EODR），具有卓越的灵巧性与敏捷性，可以用于监测、勘察、处理危险品（如土制爆炸品、危险化学品、放射性物质等）。警队、军队、紧急救援队伍、消防队及其他从事危险性工作的工作人员都可以使用多功能的 MR-5。MR-5型排爆机器人如图 7-44 所示。

图 7-44　MR-5 型排爆机器人

2）Andros 排爆机器人

美国 Remotec 公司的 Andros 系列机器人受到各国军警部门的欢迎，白宫及国会大厦的警察局都购买了这种机器人。在南非总统选举之前，警方购买了四台 AndrosVIA 型机器人，它们在选举过程中总共执行了 100 多次任务。Andros 机器人可用于小型随机爆炸物的处理，它是美国空军客机及客车上唯一使用的机器人。海湾战争后，美国海军也曾用这种机器人在沙特阿拉伯和科威特的空军基地清理地雷及未爆炸的弹药。美国空军还派出 5 台 Andros 机器人前往科索沃，用于爆炸物及炮弹的清理。空军每个现役排爆小队及航空救援中心都装备有一台 Andros VI，Andros 排爆机器人如图 7-45 所示。

图 7-45　Andros 排爆机器人

3）国产灵蜥排爆机器人

"灵蜥"机器人是在国家"863"计划支持下，由研究人员先后研制出 A 型、B 型、H 型、HW 型等系列的排爆机器人，具有探测及排爆多种作业功能，可广泛应用于公安、武警系统。它由履带复合移动部分、多功能作业机械手、机械控制部分、无线/有线图像数据传输部分组成。灵蜥排爆机器人如图 7－46 所示。

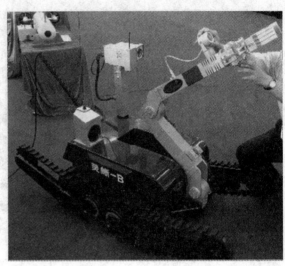

图 7－46　灵蜥排爆机器人

6．消防机器人

消防机器人作为特种消防设备可代替消防队员接近火场实施有效的灭火救援、化学检验和火场侦察。它的应用将提高消防部队扑灭特大恶性火灾的实战能力，对减少国家财产损失和灭火救援人员的伤亡产生重要的作用。在深圳清水河大爆炸、南京金陵石化火灾、北京东方化工厂罐区火灾等事件发生后，国内消防队要求研制、配备消防机器人的呼声越来越高。

一旦发生灾害事故，消防员面对高温、黑暗、有毒和浓烟等危害环境时，若没有相应的设备贸然冲进现场，不仅不能完成任务，还会徒增人员伤亡，这方面公安消防部队已历经诸多血的教训。尤其是当新消防法出台后，抢险救援已成为公安部队的法定任务，面对新时期面临的新情况新任务，也为了更好地解决前述难题，消防机器人的配备显得日益重要。

1）LUF60 灭火水雾机器人

德国研发的履带式遥控 LUF60 灭火水雾机器人集排烟、稀释、冷却等功能于一体，可在 300 米距离内进行遥控操作，主要用于隧道、地下仓库等封闭环境内的抢险救援。

这台灭火水雾机器人共有 360 个喷嘴，从这些喷嘴中喷出的水雾，射程可达到 60 米，喷雾的覆盖面积相当于普通水枪的 3～5 倍，在处理危险化学品事故时，比普通水枪喷出的水柱具有更好的稀释和冷却效果，同时还能有效减少用水量和水渍损失。LUF60 灭火水雾机器人如图 7－47 所示。

图 7 - 47 LUF60 灭火水雾机器人

2）FFR-1 消防机器人

美国的 InRob Tech 公司生产的消防机器人 FFR-1 在高温环境中具有顽强的生命力，它的冷却系统可以在 6000℃ 的高温环境下使机器人保持在 600℃，该机器人长 162 cm，宽 114 cm，高 380 cm，重 940 kg。主要系统属性：无线控制，自带推进电池，2 个 CCD 视频摄像机；行驶速度为 3～4 km/h，可爬坡角度为 30°，能跨越的障碍物高度为 20 cm。FFR-1 消防机器人如图 7 - 48 所示。

图 7 - 48 FFR-1 消防机器人

3）"安娜·康达"蛇形机器人

挪威 SINTEF 研究基金会的波尔·利尔杰贝克等人研制成功了一种形似蟒蛇的消防机器人——"安娜·康达"蛇形机器人，其长度为 3 m，重量约 70 kg。它可以与标准的消防水龙带相接并牵着它们进入那些消防员无法到达的区域进行灭火。据悉，"安娜·康达"蛇形机器人的行动非常灵活，可以非常迅速地穿过倒塌的墙壁，代替消防员进入那些高温和充满有毒气体的危险火灾现场。"安娜·康达"蛇形机器人如图 7 - 49 所示。

图 7-49　"安娜·康达"蛇形机器人

4) 消防救援机器人

消防救援机器人的研究开发及应用，日本最为领先，其次是美国、英国和俄罗斯等国家。日本的救护机器人于 1994 年第一次投入使用，机器人能够将受伤人员转移到安全地带。该机器人长 4 m，宽 1.74 m，高 1.89 m，重 3860 kg。它装有橡胶履带，该最高速度为 4 km/h。它有信息收集装置，如电视摄像机、易燃气体检测仪、超声波探测器等；具有两只机械手，最大抓举力为 90 kg，可将受伤人员举起送到救护平台上。消防救援机器人如图 7-50 所示。

图 7-50　消防救援机器人

第 8 章 考研与就业

在大学毕业之际，不少学生都会面临一个抉择，选择考研还是就业，这是摆在每位毕业生面前的一道难题，一直困扰着当代大学生。选择考研和就业都有各自的理由。选择就业是想尽早进入社会，为家里分忧解难，同时可以更早地积累工作经验，走向适合自己的工作岗位。面对越来越大的就业压力，考研也是一个不错的选择，通过考研可以提高将来的就业质量。另外，面对一些招聘单位的高学历要求，考研也是必选项。

8.1 考 研

8.1.1 硕士研究生的类型

中国实行的学位教育主要分为：学术型学位（学术理论研究）或专业型学位（注重实际操作能力）两种教育并轨。一直以来，高校更偏重学术型学位教育，而少注重专业型学位教育，所以很多学术型学位研究生毕业后，虽然能进行理论或研究，但操作能力差。为了与世界上学位教育接轨，因此应加强专业型学位研究生教育。

1. 学术型硕士研究生

培养目标：以培养教学和科研人才为主的研究生教育，侧重于理论教育。采用全日制培养方式，授予学位的类型是学术型硕士学位。

学位类型：学术型学位是按学科门类下的一级学科或二级学科进行招生的。我国可授予学术型硕士学位的学科门类有 14 种：哲学、经济学、法学、教育学、文学、历史学、理学、工学、农学、医学、军事学、管理学、艺术学和交叉学科。不同的学科门类授予不同的学位名称，如机器人工程专业属于工学门类，因此授予工学硕士学位。表 8-1 给出了我国学位授予和人才培养学科目录。

表 8-1 学位授予和人才培养学科目录

学科门类 （代码及名称）	一级学科（代码及名称）
01 哲学	0101 哲学
02 经济学	0201 理论经济学、0202 应用经济学
03 法学	0301 法学、0302 政治学、0303 社会学、0304 民族学、0305 马克思主义理论、0306 公安学
04 教育学	0401 教育学、0402 心理学（可授教育学、理学学位）、0403 体育学

学科门类 (代码及名称)	一级学科(代码及名称)
05 文学	0501 中国语言文学、0502 外国语言文学、0503 新闻传播学
06 历史学	0601 考古学、0602 中国史、0603 世界史
07 理学	0701 数学、0702 物理学、0703 化学、0704 天文学、0705 地理学、0706 大气科学、0707 海洋科学、0708 地球物理学、0709 地质学、0710 生物学、0711 系统科学、0712 科学技术史(分学科,可授理学、工学、农学、医学学位)、0713 生态学、0714 统计学(可授理学、经济学学位
08 工学	0801 力学(可授工学、理学学位)、0802 机械工程、0803 光学工程、0804 仪器科学与技术、0805 材料科学与工程(可授工学、理学学位)、0806 冶金工程、0807 动力工程及工程热物理、0808 电气工程、0809 电子科学与技术(可授工学、理学学位)、0810 信息与通信工程、0811 控制科学与工程、0812 计算机科学与技术(可授工学、理学学位)、0813 建筑学、0814 土木工程、0815 水利工程、0816 测绘科学与技术、0817 化学工程与技术、0818 地质资源与地质工程、0819 矿业工程、0820 石油与天然气工程、0821 纺织科学与工程、0822 轻工技术与工程、0823 交通运输工程、0824 船舶与海洋工程、0825 航空宇航科学与技术、0826 兵器科学与技术、0827 核科学与技术、0828 农业工程、0829 林业工程、0830 环境科学与工程(可授工学、理学、农学学位)、0831 生物医学工程(可授工学、理学、医学学位)、0832 食品科学与工程(可授工学、农学学位)、0833 城乡规划学、0834 风景园林学(可授工学、农学学位)、0835 软件工程、0836 生物工程、0837 安全科学与工程、0838 公安技术、0839 网络空间安全
09 农学	0901 作物学、0902 园艺学、0903 农业资源与环境、0904 植物保护、0905 畜牧学、0906 兽医学、0907 林学、0908 水产、0909 草学
10 医学	1001 基础医学(可授医学、理学学位)、1002 临床医学、1003 口腔医学、1004 公共卫生与预防医学(可授医学、理学学位)、1005 中医学、1006 中西医结合、1007 药学(可授医学、理学学位)、1008 中药学(可授医学、理学学位)、1009 特种医学、1010 医学技术(可授医学、理学学位)、1011 护理学(可授医学、理学学位)
11 军事学	1101 军事思想及军事历史、1102 战略学、1103 战役学、1104 战术学、1105 军队指挥学、1106 军事管理学、1107 军队政治工作学、1108 军事后勤学、1109 军事装备学、1110 军事训练学
12 管理学	1201 管理科学与工程(可授管理学、工学学位)、1202 工商管理、1203 农林经济管理、1204 公共管理、1205 图书情报与档案管理
13 艺术学	1301 艺术学理论、1302 音乐与舞蹈学、1303 戏剧与影视学、1304 美术学、1305 设计学(可授艺术学、工学学位)
14 交叉学科	1401 集成电路科学与工程、1402 国家安全学

　　某些一级学科还设置了若干个二级学科，二级学科是指一级学科内所包含的若干种既相关又相对独立的学科、专业。如机械工程一级学科下设置有机械制造及其自动化（080201）、机械电子工程（080202）、机械设计及理论（080203）和车辆工程（080204）4 个二级学科；控制科学与工程一级学科下设置有控制理论与控制工程（081101）、检测技术与自动装置（081102）、系统工程（081103）、模式识别与智能系统（081104）和导航、制导与控制（081105）5 个二级学科。此外，教育部还允许高校在一级学科下自主设置 1～3 个目录外的二级学科。

　　培养方式：采用全日制学习方式，一般为 3 年。

　　2. 专业型硕士研究生

　　培养目标：针对社会特定职业领域的需要，培养具有较强的专业能力和职业素养，能够创造性地从事实际工作的高层次应用型专门人才。

　　学位类型：专业型学位是按专业领域进行招生的。我国可授予专业型硕士学位的类别有 47 个。表 8-2 给出了我国专业学位授予和人才培养目录。如机器人工程专业的考生可以选择电子信息（0854）或机械（0855）类别报考。

表 8-2 专业学位授予和人才培养目录

代码	类别	代码	类别	代码	类别
0251	金融	0553	出版	1051	＊临床医学
0252	应用统计	0651	文物与博物馆	1052	＊口腔医学
0253	税务	0851	建筑学	1053	公共卫生
0254	国际商务	0853	城市规划	1054	护理
0255	保险	0854	＊电子信息	1055	药学
0256	资产评估	0855	＊机械	1056	中药学
0257	审计	0856	＊材料与化工	1057	＊中医
0351	法律	0857	＊资源与环境	1151	军事
0352	社会工作	0858	＊能源动力	1251	工商管理
0353	警务	0859	＊土木水利	1252	公共管理
0451	＊教育	0860	＊生物与医药	1253	会计
0452	体育	0861	＊交通运输	1254	旅游管理
0453	汉语国际教育	0951	农业	1255	图书情报
0454	应用心理	0952	＊兽医	1256	工程管理
0551	翻译	0953	风景园林	1351	艺术
0552	新闻与传播	0954	林业		

　　注：名称前加"＊"的可授予硕士、博士专业学位；"建筑学"可授予学士、硕士专业学位；其他授予硕士专业学位。

培养方式：专业型学位硕士教育的学习方式比较灵活，大致可分为以下两种：

（1）在职攻读。此类学习方式为在职人员利用周末、业余时间进行专业的学习，即不脱产或半脱产学习，学习时间一般为 2～4 年。

（2）全日制。此类学习方式为脱产，进入学校进行全日制的专业学习，学习时间一般为 2～3 年，但要求不少于半年时间的专业实践教育。

2010 年 1 月，教育部对研究生结构进行了调制，在 2009 年总硕士研究生人数不变的基础上，减少学术型硕士 3.8 万名，增加专业型硕士 3.8 万名。并且计划往后几年继续减少学术型硕士，减少的名额用以增加全日制专业型硕士。图 8-1 给出了近年来全国学术型硕士和专业型硕士招生人数情况。可以看出，2017 年以后，专业型硕士招生人数超过了学术型硕士，专业型硕士招生比例呈逐年增长趋势，到 2020 年已突破 60%，见图 8-2。

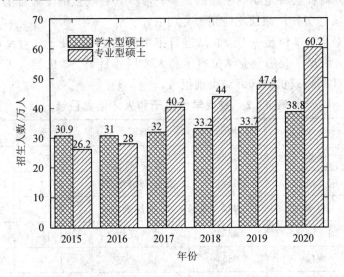

图 8-1　近年来全国硕士研究生招生情况

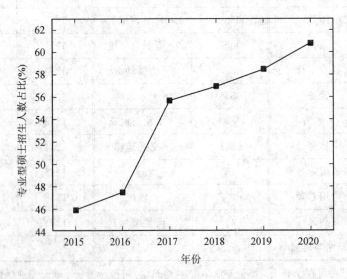

图 8-2　近年来全国专业型硕士招生人数占比

8.1.2 硕士研究生报考流程

硕士研究生报考流程如图 8-3 所示。

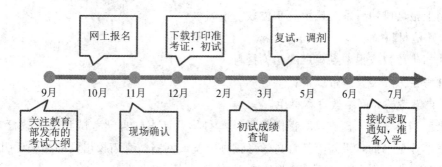

图 8-3 硕士研究生报考流程

1. 报名前准备工作

每年 9 月份,教育部考试中心发布考研大纲,包括思想政治理论、数学、英语等统考课程的考试大纲,各招生单位发布专业课的考试大纲。通常,各门课程的考点有少量增减或修改,需要考生密切关注。另外,各研究生招生单位也发布硕士生招生简章,介绍各专业的招生名额、初试科目、复试科目、参考书目、报考研究方向、报考流程等内容。考生应认真阅读各招生简章,比较考试科目、研究方向等差别,找到所要报考的大学。

2. 考研网上报名

考研报名由预报名和正式报名组成。预报名的作用是为正式报名分流,避免正式报名人数过多,造成报名系统的崩溃。此外,考研预报名也是为了让初次报考的考生熟悉报名系统,避免出错。预报名一般安排在每年的 9 月下旬进行,而正式报名时间一般为每年的 10 月下旬。考生应在规定时间登录"中国研究生招生信息网"(https://yz.chsi.com.cn 或 https://yz.chsi.cn,以下简称"研招网")浏览报考须知,并按教育部、省级教育招生考试机构、报考点以及报考招生单位的网上公告要求报名。报名期间,考生可自行修改网上报名信息或重新填报报名信息,但一位考生只能保留一条有效报名信息。逾期不再补报,也不得修改报名信息。考生应按招生单位要求如实填写学习情况和提供真实材料。

3. 报名现场确认

网上报名成功后,进入网上确认和现场确认环节,一般安排在每年的 11 月初进行。应届本科毕业生应选择就读学校所在地省级教育招生考试机构指定的报考点办理网上报名和网上确认、现场确认手续;考生应选择工作或户口所在地省级教育招生考试机构指定的报考点,办理网上报名和网上确认、现场确认手续。

现场确认时,普通考生需要携带以下材料:

(1) 本人居民身份证(现役军人持"军官证"、"文职干部证"等部队有效身份证件)。

如果身份证已经过期,应及时到公安机关补办新证或开具相关证明。

（2）学历证书。

普通高校、成人高校、普通高校举办的成人高校学历教育应届本科毕业生持学生证。

（3）网上报名编号。

即网上报名成功后系统显示的 9 位数字报名号。

（4）其他材料。

其他招生单位或报考点规定的相关材料。

特殊考生另外需要携带以下材料：

（1）自学考试和网络教育本科生。

在录取当年 9 月 1 日前可取得国家承认本科毕业证书的自学考试和网络教育本科生，须持颁发毕业证书的省级高等教育自学考试办公室或网络教育高校出具的相关证明。

（2）未通过网上学历（学籍）校验的考生。

在现场确认时应提供学历（学籍）认证报告。

（3）报考"退役大学生士兵专项硕士研究生招生计划"的考生。

应提交本人《入伍批准书》和《退出现役证》。

现场确认流程及步骤大致如下：

（1）报名资格审查。

考生将本人居民身份证、学历证书（普通高校、成人高校、普通高校举办的成人高校学历教育应届本科毕业生持学生证）和网上报名编号，由报考点工作人员进行核对。

（2）确认报名信息。

考生本人对网上报名信息要进行认真核对并确认。经考生确认的报名信息在考试、复试及录取阶段一律不作修改，因考生填写错误引起的一切后果由其自行承担。

（3）缴纳报名费。

考生按规定缴纳报考费。网上报名期间通过研招网进行网上缴费，仅限报考点选择在北京、天津、河北、辽宁、江苏、安徽、福建、江西、山东、河南、湖南、广西、重庆、四川、宁夏的考生。选择其他报考点的考生，则在现场确认时缴费。

（4）采集考生图像信息。

采集考生本人图像信息，即照相。必须考生本人亲自到场，不能用数码照片代替。

（5）打印信息表。

工作人员为考生打印信息表。考生仔细核对网报信息，如信息有误，可到信息修改处修改网报信息，并重新打印信息表；如信息无误，签字后交表。

所有考生（不含推免生）均应在规定时间内到报考点指定地方现场核对并确认其网上报名信息，逾期不再补办。在校研究生报考须在报名前征得所在培养单位同意。在录取当年 9 月 1 日前可取得国家承认本科毕业证书的自学考试和网络教育本科生，须凭颁发毕业证书的省级高等教育自学考试办公室或网络教育高校出具的相关证明方可办理网上报名现场确认手续。报考点只对考生居民身份证、非应届本科毕业生的学历证书及应届本科毕业生和成人应届本科毕业生的学生证进行核对，考生报考资格的审查由招生单位在复试时进行。需要考生仔细阅读省、招生单位以及报考点发布的公告。

4. 下载准考证，准备初试

一般在每年 12 月中旬到初试期间，考生可登录研招网下载并打印准考证。

1）初试时间

硕士研究生初试时间按教育部统一规定的时间，一般安排在 12 月下旬进行，具体时间详见准考证。

2）初试科目

机器人工程专业考生报考学术型硕士的考试科目一般为思想政治理论、外国语或英语（一）、数学（一）和专业基础课，共 4 门。报考专业型硕士的考试科目一般为思想政治理论、外国语或英语（二）、数学（二）和专业基础课，共 4 门。各科的考试时间均为 3 小时，思想政治理论、外国语或英语满分各为 100 分，数学和专业基础课满分各为 150 分，总分为500 分。

思想政治理论、外国语或英语、数学均为全国统考科目，由教育部考试中心统一命题，考试大纲由教育部制定，具体考试范围参考国家统一制定的考试大纲。专业基础课由各招生单位自行命题。另外，需要注意的是，有些招生单位招收专业型硕士对数学、外语的要求与学术型硕士一样，都要求考生初试的考试科目为外国语或英语（一）和数学（一）。

3）考试方式

均为笔试。

4）初试地点

考生在报名点指定的考试地点参加考试。考试前一天考生可到报考点查看考场。

5. 初试成绩查询

考生初试成绩一般在每年的 2 月份至 3 月份公布。大部分院校的初试成绩都可以通过姓名、证件号码、准考证号或报考单位等信息在研招网查询，少部分报考院校的初试成绩需要在院校自己的查分系统中查询。

6. 复试

各招生单位根据国家录取政策、招生规模以及考生初试成绩、学习经历、身体状况等进行综合分析后确定参加复试名单。按照不低于 1∶1.2 的比例进行差额复试。考生查询初试成绩后，届时自行在各学校研究生处网站查询是否获得复试资格。获得复试资格的考生在复试前向各招生单位的网站提交复试科目等信息，并自行打印《复试通知书》。复试的具体要求如下：

（1）复试时间一般为每年的 3 月份至 5 月份之间，具体时间各招生单位自定。

（2）复试形式一般采取笔试、口试、实验技能测试等方式或综合形式进行差额复试。

（3）复试内容一般包括外语口语与听力、专业外语、专业课和专业综合等，具体复试内容详见各招生单位的招生简章专业目录的复试部分或复试通知。

（4）复试笔试科目详见各招生单位的硕士生招生学科、专业目录或复试通知。

（5）专业课的考试形式和内容由各招生单位的各学科专业委员会根据各专业实际情况自行确定，考试内容为结合专业培养要求及其他知识和能力的考核统筹考虑后确定。

（6）复试前将对考生的第二代居民身份证、学历证书、学生证等报名材料原件及考生资格进行审查。

（7）招生单位同意接收同等学力的考生，还需另外加试所报考专业的大学本科主干课程，其中笔试科目不少于2门。加试科目为指定科目，一般在复试通知书或网站通知中说明。

如图8-4所示，报考第一志愿未获得复试资格的考生，若通过国家分数线和有调剂名额招生单位的分数线，可自行联系其他招生单位进行调剂。

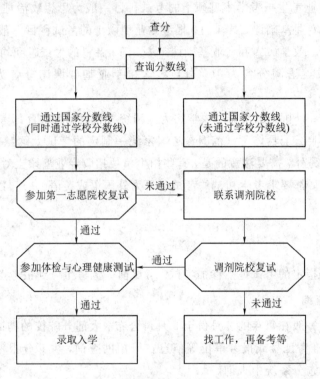

图8-4 硕士研究生复试流程

7. 调剂

对合格生源不足的学科专业，可以在校内、外相同或相近专业合格生源中进行调剂录取，但不允许跨学科门类调剂。具体要求如下：

（1）第一志愿没有被招生单位录取的上线考生，均可参加网上调剂。

（2）所有需要调剂的考生均必须通过网上填报调剂志愿。考生凭网报时注册的用户名和密码登录"中国研究生招生信息网"的网上调剂系统，进行网上填报调剂志愿。

（3）参加调剂的考生每人可以在网上一次最多填报三个平行调剂志愿，确定后的调剂志愿在锁定时间内不允许修改，锁定时间由招生单位自行确定，要求不超过36小时，三个志愿单独计时，以供招生单位下载志愿信息和决定是否通知考生参加复试。锁定时间过后，考生可以重新填报调剂志愿。

（4）考生在网上填报调剂志愿时，选择调剂的招生单位、专业科类与自己的考试成绩必须符合国家的调剂政策，否则将无法提交。

（5）调剂考生应注意浏览各招生单位公示的调剂方法和复试通知。

（6）确认提交调剂志愿后，招生单位将尽快反馈是否参加复试的通知。考生应及时登录调剂系统，查看志愿状态和招生单位的反馈通知。如果收到复试通知，则考生按照招生单位的调剂要求办理相关手续。

（7）复试没有通过的考生可以继续参加调剂志愿的填报。

（8）知道成绩后应马上到有关网站发布调剂意向，并且经常刷新。调剂复试的具体要求和程序均以初试结束后教育部发出的当年录取工作通知的规定为准，届时考生通过"中国研究生招生信息网"调剂服务系统填写报考调剂志愿。

考生调剂操作流程参见图8-5。

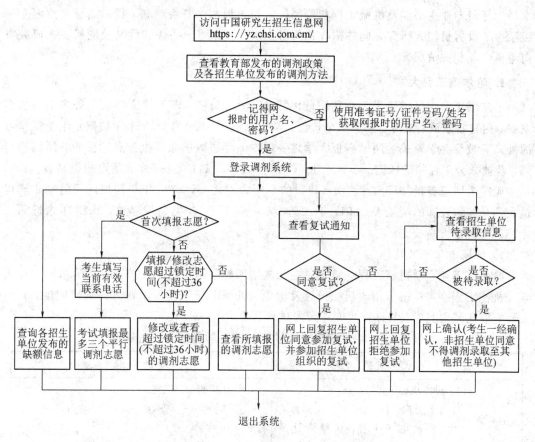

图8-5　硕士研究生招生调剂操作流程

8. 体检与心理健康测试

所有参加复试的考生均需在复试阶段到各招生单位指定的医院进行体检与心理健康测试。体检标准参照教育部、卫生部、中国残疾人联合会修订的《普通高等学校招生体检工作指导意见》。不参加体检、心理健康测试或体检不合格者不予录取。

9. 录取与入学准备

各招生单位根据国家下达的招生计划和考生入学考试（包括初试和复试）成绩，结合考生已有学习或工作业绩、身体状况等整体素质和政审结论，在招生计划内择优录取。对未通过复试，但达到教育部的初试科目复试分数线者，可自愿调剂到其他学校录取。每年的6

月份至 7 月份之间，招生单位通过邮局寄送录取通知书，不接受直接领取。考生接收到录取通知书后，准备相关材料按通知书要求届时报到入学。

8.1.3　专业及研究方向

很多同学临近毕业时在考研热的带动下匆忙报名考研，缺乏对报考专业的详细考察与了解，对自身和专业结合度的思考，以及对考取专业后职业发展的规划。考什么专业能发挥自己的强项，能弥补专业上的劣势，这些都应该尽早思考、规划。

机器人工程专业本科生主要学习机器人的结构、设计、控制及应用等方面的专业知识，本科生考研专业主要涉及机械工程和控制科学与工程两个一级学科，很多高校在这两个一级学科下设置机器人研究方向并招收相关考生。下面介绍一些代表性高校的机器人研究方向考研专业相关情况。

1. 哈尔滨工业大学

哈尔滨工业大学隶属于工业和信息化部，以理工为主，理工管文经法艺等多学科协调发展，拥有哈尔滨、威海、深圳三个校区。学校始建于 1920 年，1951 年被确定为全国学习国外高等教育办学模式的两所样板大学之一，1954 年进入国家首批重点建设的 6 所高校行列，曾被誉为工程师的摇篮。学校于 1996 年进入国家"211 工程"首批重点建设高校，1999 年被确定为国家首批"985 工程"重点建设的 9 所大学之一，2000 年与同根同源的哈尔滨建筑大学合并组建新的哈工大，2017 年入选"双一流"建设 A 类高校名单，2022 年入选第二轮"双一流"建设高校。

1）机械工程一级学科

哈尔滨工业大学机械工程一级学科在全国第四轮学科评估中位列 A＋，哈尔滨工业大学在机械工程一级学科下招收机械设计及理论、机械电子工程等学科方向的研究生，机器人研究方向涵盖其中。具体招生专业及考试科目见表 8-3。

表 8-3　哈尔滨工业大学机械工程学科硕士招生专业

类别	学科代码、名称	考 试 科 目
学术型	0802 机械工程 学科方向：11 机械制造及其自动化、机械电子工程、机械设计及理论	① 101 思想政治理论 ② 201 英语（一）或 202 俄语或 203 日语 ③ 301 数学（一） ④ 839 机械设计基础
专业型	0855 机械 领域方向：00 机械工程	① 101 思想政治理论 ② 201 英语（一）或 202 俄语或 203 日语 ③ 301 数学（一） ④ 839 机械设计基础

其中考试科目"机械设计基础"要求考生系统深入地掌握机械原理和机械设计的基本知识、基本理论和基本设计计算方法，并且能灵活运用。重点考察分析与解决常用机构、通用机械零部件和简单机械装置设计问题的能力。考试内容主要包括：机构的结构分析、平面连杆机构分析与设计、凸轮机构及其设计、齿轮机构设计及轮系传动比计算、机械的运转及其速度波动的调节、机械的平衡、螺纹连接、带传动、齿轮传动、蜗杆传动、轴及轴毂连

接、滚动轴承、摩擦学基本知识和滑动轴承。

参考书目：

(1) 邓宗全，于红英，王知行. 机械原理. 3 版. 北京：高等教育出版社，2015；

(2) 孙桓. 机械原理. 8 版. 北京：高等教育出版社，2013；

(3) 张锋，宋宝玉，王黎钦. 机械设计. 2 版. 北京：高等教育出版社，2017；

(4) 王黎钦，陈铁鸣. 机械设计. 6 版. 哈尔滨：哈尔滨工业大学出版社，2015；

(5) 张锋. 机械设计思考题与习题解答. 北京：高等教育出版社，2010；

(6) 宋宝玉，张锋. 机械设计学习指导. 北京：高等教育出版社，2012。

表 8-4 列出了近几年哈尔滨工业大学机械工程学科(专业)硕士招生复试分数线。

表 8-4 近几年哈尔滨工业大学机械工程学科(专业)硕士招生复试分数线

学科代码、名称	2021 年	2020 年	2019 年
080200 机械工程	326	341	330
085500 机械	326	341	330

2) 控制科学与工程一级学科

哈尔滨工业大学控制科学与工程一级学科在全国第四轮学科评估中位列 A+，哈尔滨工业大学在控制科学与工程一级学科下招收机器人与智能系统等培养方向的研究生。具体招生专业及考试科目见表 8-5。

表 8-5 哈尔滨工业大学控制科学与工程学科硕士招生专业

类别	学科代码、名称	考试科目
学术型	0811 控制科学与工程 学科方向：00 不区分研究方向(含控制理论与控制工程、检测技术与自动化装置、模式识别与智能系统、导航、制导与控制四个学科方向)，其中包含机器人与智能系统研究方向	① 101 思想政治理论 ② 201 英语(一)或 202 俄语或 203 日语 ③ 301 数学(一) ④ 801 控制原理
专业型	0854 电子信息 领域方向：01 控制工程	① 101 思想政治理论 ② 201 英语(一)或 202 俄语或 203 日语 ③ 301 数学(一) ④ 801 控制原理

其中考试科目"控制原理"要求考生全面掌握控制原理的基本概念和基础理论，并具有运用基本概念和基础理论分析问题与解决问题的能力。考试内容主要包括：控制系统的数学描述，具体有控制系统的运动方程式、控制系统的传递函数、控制系统的方框图及其简化、信号流图、控制系统的状态空间描述；线性连续控制系统的分析，具体有线性系统的时域法、线性系统的根轨迹法、线性系统的频域法、线性系统的状态空间法、李雅普诺夫稳定性方法(含非线性情形)；线性离散控制系统的分析，具体有线性系统的离散化、脉冲传递函数、线性离散控制系统的分析与设计；非线性系统的分析，具体有相平面法、描述函数法、线性连续控制系统的综合、PID 控制规律、控制系统的校正、线性系统的状态空间综合法。

参考书目：

（1）裴润，宋申民．自动控制原理（上、下册）修订版．哈尔滨：哈尔滨工业大学出版社，2011；

（2）胡寿松．自动控制原理．7版．北京：科学出版社，2019；

（3）刘豹、唐万生．现代控制理论．3版．北京：机械工业出版社，2006。

表8-6列出了近几年哈尔滨工业大学控制科学与工程学科（专业）硕士招生复试分数线。

表8-6　近几年哈尔滨工业大学控制科学与工程学科（专业）硕士招生复试分数线

学科代码、名称	2021年	2020年	2019年
081100 控制科学与工程	360	325	330
085400 电子信息	360	325	330

2. 华中科技大学

华中科技大学是中华人民共和国教育部直属重点综合性大学，由原华中理工大学、同济医科大学、武汉城市建设学院于2000年5月26日合并成立，是国家"211工程"重点建设和"985工程"建设高校之一，是首批"双一流"建设高校。学校学科齐全、结构合理，基本构建起综合性、研究型大学的学科体系。拥有哲学、经济学、法学、教育学、文学、理学、工学、医学、管理学、艺术学、交叉学科等11大学科门类；设有109个本科专业，48个硕士学位授权一级学科，46个博士学位授权一级学科，39个博士后科研流动站。现有一级学科国家重点学科7个，二级学科国家重点学科15个（内科学、外科学按三级计），国家重点（培育）学科7个。在教育部第四轮学科评估中，共44个学科参评，全部上榜，其中机械工程、光学工程、生物医学工程、公共卫生与预防医学等4个学科进入A＋，A类学科14个，B＋及以上学科33个。8个学科入选国家首轮"双一流"建设学科名单，2022年入选第二轮"双一流"建设高校。

1）机械工程一级学科

华中科技大学机械工程一级学科在全国第四轮学科评估中位列A＋，华中科技大学在机械工程一级学科下招收机械设计及理论、机械电子工程等学科方向的研究生，机器人研究方向涵盖其中。具体招生专业及考试科目见表8-7。

表8-7　华中科技大学机械工程学科硕士招生专业

类别	学科代码、名称	考试科目
学术型	080200 机械工程 学科方向：01 机械制造及其自动化； 02 机械电子工程；03 机械设计及理论	① 101 思想政治理论 ② 201 英语（一） ③ 301 数学（一） ④ 806 机械设计基础
专业型	085500 机械 领域方向：03 机器人工程	① 101 思想政治理论 ② 201 英语（一） ③ 301 数学（一） ④ 806 机械设计基础

　　其中考试科目"机械设计基础"重点考核常用机构和零部件的工作原理及其简单的设计方法、机构选型、常用零部件强度计算、受力分析与结构设计，机构创新设计等，注重考核考生的综合素质及工程实践能力。考查要点包括：机构在机械产品设计中的作用与机构组成方式；平面机构具有确定运动的条件及机构自由度计算；平面四杆机构设计中的共性问题；平面四杆机构运动设计的方法；凸轮机构的类型与从动件常用运动规律的特性；凸轮机构基本参数的特点及基本尺寸的确定；平面凸轮机构凸轮轮廓的设计方法；渐开线的性质；渐开线标准直齿圆柱齿轮机构和斜齿圆柱齿轮机构的尺寸计算；一对渐开线标准直齿圆柱齿轮机构的啮合特性；变位齿轮基本参数的确定与尺寸计算；直齿锥齿轮机构的特点；齿轮系的类型与传动比的计算；常用间歇运动机构的工作原理、运动特性及其应用；万向联轴节、螺旋机构的特点和应用；组合机构的性能和特点；机构平衡的基本方法与飞轮转动惯量的确定；机构及其系统运动方案设计的方法与步骤；运动循环图；机构构型与基于功能原理的机构创新设计，工程案例剖析；机械零件疲劳失效特点；不同应力循环下的机械零件疲劳强度计算方法；机械设计中的载荷及应力的分类；齿轮传动的失效形式与设计准则；直齿圆柱齿轮传动、斜齿圆柱齿轮传动、直齿锥齿轮传动、蜗杆传动的受力分析；齿轮的接触强度及弯曲强度的计算方法；带传动的工作原理、类型与特点；摩擦型带传动的基本理论；V带传动的设计方法和参数选择原则；链传动的工作原理、类型与运动特性；轴的功能及类型；轴设计的约束条件；影响轴结构的主要因素；轴结构设计的方法；滑动轴承类型和特点；滑动轴承结构和材料选择；非液体摩擦滑动轴承的设计方法；滚动轴承类型选择；轴承寿命计算方法；滚动轴承的组合设计；轴系结构错误识别；螺纹的类型、主要参数及应用场合；螺栓连接的结构设计方法和防松原理及方法；普通螺栓连接和铰制孔用螺栓连接的计算；螺栓组的受力分析；联轴器、离合器类型及选择；键联接、弹簧的基本特点；机械系统总体方案设计的过程与要求；方案设计的创新性思维方法和评价与决策的意义及基本方法。

　　表 8-8 列出了近几年华中科技大学机械工程学科(专业)硕士招生复试分数线。

　　表 8-8　近几年华中科技大学机械工程学科(专业)硕士招生复试分数线

学科代码、名称	2021 年	2020 年	2019 年
080200 机械工程	385	360	355
085500 机械	385	360	355

　　2) 控制科学与工程一级学科

　　华中科技大学控制科学与工程一级学科在全国第四轮学科评估中位列 A-，华中科技大学在控制科学与工程一级学科下招生智能控制与机器人技术等学科方向研究生，具体招生专业及考试科目见表 8-9。

表 8-9　华中科技大学控制科学与工程学科硕士招生专业

类别	学科代码、名称	考 试 科 目
学术型	081100 控制科学与工程 学科方向：01(全日制)智能控制 与机器人技术	① 101 思想政治理论 ② 201 英语(一) ③ 301 数学(一) ④ 829 自动控制原理(含经典控制理论、现代控制理论)
专业型	085406 电子信息(控制工程) 领域方向：01(全日制)智能控制 与机器人技术；51(非全日制)智能 控制与机器人技术	① 101 思想政治理论 ② 201 英语(一) ③ 301 数学(一) ④ 829 自动控制原理(含经典控制理论、现代控制理论)

其中考试科目"自动控制原理"考查要点包括：自动控制的一般概念，包括自动控制和自动控制系统的基本概念、负反馈控制的原理、控制系统的组成与分类；控制系统的数学模型，包括控制系统微分方程的建立、拉氏变换求解微分方程、传递函数的概念、定义和性质、控制系统的结构图、结构图的等效变换、控制系统的信号流图、结构图与信号流图间的关系、由梅逊公式求系统的传递函数、根据实际系统的工作原理画控制系统的方块图；线性系统的时域分析，包括稳定性的概念、系统稳定的充要条件、Routh 稳定判据、稳态性能分析、动态性能分析；线性系统的根轨迹法，包括根轨迹的概念、根轨迹方程、幅值条件和相角条件、绘制根轨迹的基本规则、非最小相位系统的根轨迹及正反馈系统的根轨迹的画法、等效开环传递函数的概念、参数根轨迹、用根轨迹分析系统的性能；线性系统的频域分析，包括频率特性的定义、幅频特性与相频特性、用频率特性的概念分析系统的稳态响应、频率特性的几何表示方法、Nquisty 稳定性判据、稳定裕量、闭环频率特性的有关指标及近似估算、频域指标与时域指标的关系；系统校正，包括校正的基本概念、校正的方式，常用校正装置的特性、根据性能指标的要求，设计校正装置、用频率法确定串联超前校正、滞后校正和滞后超前校正装置的参数、将性能指标转换为期望开环对数幅频特性，根据期望特性设计最小相位系统的校正装置、了解反馈校正和复合校正的基本思路与方法；离散系统的分析与校正，包括离散系统的基本概念、脉冲传递函数及其特性、信号采样与恢复、Z 变换的定义、Z 变换的方法、离散系统的数学描述、差分方程与脉冲传递函数、离散系统的性能和稳态误差分析、离散系统的综合、无纹波最少拍系统的设计；非线性控制系统分析，包括非线性系统的特征、非线性系统与线性系统的区别与联系、相平面作图法、奇点的确定、用极限环分析系统的稳定性和自振、描述函数及其性质、用描述函数分析系统的稳定性、自振及有关参数；线性系统的状态空间分析与综合，包括状态空间的概念、线性系统的状态空间描述、状态方程的解，状态转移矩阵及其性质、线性系统的可控性与可观性、状态可控与输出可控的概念、可控与可观标准型、线性定常系统的状态反馈与状态观测器设计。

表 8-10 列出了近几年华中科技大学控制科学与工程学科(专业)硕士招生复试分数线。

表 8‑10 近几年华中科技大学控制科学与工程学科(专业)硕士招生复试分数线

学科代码、名称	2021 年	2020 年	2019 年
081100 控制科学与工程	370	400	350
085400 电子信息	390	395	345

3. 合肥工业大学

合肥工业大学是中华人民共和国教育部直属全国重点大学,是教育部、工信部和安徽省政府共建高校,以及国防科工局与教育部共建高校。学校创建于 1945 年,1960 年被中共中央批准为全国重点大学。学校 2005 年成为国家"211 工程"重点建设高校,2009 年成为国家"985 工程"优势学科创新平台建设高校,2017 年进入国家"双一流"建设高校行列,2022年入选第二轮"双一流"建设高校。

学校现有 19 个博士学位授权一级学科、3 个博士专业学位授权点;39 个硕士学位授权一级学科、21 个硕士专业学位授予点;现有(联合)国家重点实验室(培育)和国家工程实验室各 1 个、教育部重点实验室 2 个、教育部工程研究中心 5 个、国家国际科技合作基地(示范型)2 个,国家地方联合工程研究中心 3 个、国家地方联合工程实验室 1 个、安徽省实验室(安徽省"一室一中心")1 个。

1) 机械工程一级学科

机械工程学科作为学校重点传统优势学科,机械工程学院现拥有机械设计及理论、机械制造及其自动化、机械电子工程、工业工程、环保装备及工程 5 个二级博士学位授权点,1 个工程博士点(机械专业学位博士点),以及机械设计及理论、机械制造及其自动化、机械电子工程、流体机械及工程、工业工程、环保装备及工程 6 个学术型硕士授权点,机械工程、工业工程、动力工程 3 个专业学位硕士授权点。合肥工业大学机械工程一级学科在全国第四轮学科评估中位列 B+,合肥工业大学在机械工程一级学科下招生机器人控制技术、机器人技术及应用等研究方向的硕士研究生。具体招生专业及考试科目见表 8‑11。

表 8‑11 合肥工业大学机械工程学科硕士招生专业

类别	学科代码、名称	考试科目
学术型	080201 机械制造及其自动化 学科方向:03 机器人技术及应用	① 101 思想政治理论 ② 201 英语(一)或 203 日语 ③ 301 数学(一) ④ 815 机械原理
学术型	080202 机械电子工程 学科方向:01 机器人控制技术	① 101 思想政治理论 ② 201 英语(一)或 203 日语 ③ 301 数学(一) ④ 815 机械原理
专业型	085511 机械 领域方向:06 机器人技术及应用	① 101 思想政治理论 ② 204 英语(二) ③ 302 数学(二) ④ 815 机械原理

其中考试科目"机械原理"重点考核：平面机构结构分析、运动分析理论与方法；平面连杆机构、凸轮机构、齿轮机构分析与设计；轮系传动比计算；其他常用机构及组合机构的概念与原理；平面机构力分析、平衡、效率及速度波动调节基本理论与方法；机构应用。

参考书目：

郑文纬，吴克坚. 机械原理. 7 版. 北京：高等教育出版社。

表 8-12 列出了近几年合肥工业大学机械工程学科（专业）硕士招生复试分数线。

表 8-12　近几年合肥工业大学机械工程学科（专业）硕士招生复试分数线

学科代码、名称	2021 年	2020 年	2019 年
080201 机械制造及其自动化	302	322	319
080202 机械电子工程	308	319	317
0855 机械	320	339	323

2）控制科学与工程一级学科

合肥工业大学控制工程一级学科在全国第四轮学科评估中位列 B-，合肥工业大学在控制工程一级学科下招生机器人感知与控制技术、机器人技术等培养方向研究生。具体招生专业及考试科目见表 8-13。

表 8-13　合肥工业大学控制科学与工程学科硕士招生专业

类别	学科代码、名称	考试科目
学术型	081100 控制科学与工程 学科方向：04 机器人智能感知与控制技术	① 101 思想政治理论 ② 201 英语（一） ③ 301 数学（一） ④ 834 自动控制原理
专业型	085406 电子信息（控制工程） 领域方向：06 机器人技术	① 101 思想政治理论 ② 204 英语（二） ③ 302 数学（二） ④ 834 自动控制原理

其中考试科目"自动控制原理"的考试内容主要包括：

（1）自动控制理论包括自动控制的基本概念；线性定常系统的时域数学模型、传递函数，结构图、信号流图的绘制与化简；控制系统时域性能指标，一阶系统的时域分析，二阶系统的阶跃响应，高阶系统的近似分析，线性定常系统的稳定性、稳态误差计算和静态误差系数；根轨迹的基本概念，根轨迹绘制的基本法则，广义根轨迹，利用根轨迹定性分析系统性能；频率特性的概念，开环频率特性曲线的绘制（幅相曲线、伯德图），频率域稳定判据，稳定裕度，系统的频域性能指标；校正的概念与方式，常用校正装置及其特性，频率域串联校正的分析法（超前校正、滞后校正）和综合法，复合校正；信号的采样与保持，Z 变换理论，离散系统的数学模型，离散系统的时域响应、稳定性与稳态误差，离散系统的数字校正；常见非线性特性对系统的影响，非线性系统相平面分析法和描述函数分析法。

（2）现代控制理论基础，包括状态的概念、状态空间表达式及其线性变换，微分方程与状态空间表达式之间的转换，传递函数矩阵，组合系统的数学描述；线性定常系统状态方程的求解，脉冲响应矩阵；离散系统的状态空间表达式，线性定常连续系统的离散化，离散系统状态方程的求解；能控性、能观测性的概念，线性定常系统的能控性、能观测性判据，对偶原理，SISO 系统标准形，能控性、能观测性与传递函数关系，系统结构分解，实现问题；李亚普诺夫稳定性概念，李亚普诺夫第二法，BIBO 稳定；状态反馈与极点配置、系统镇定，全维状态观测器设计，带有观测器的状态反馈系统，渐近跟踪与干扰抑制以及解耦控制的概念。

参考书目：

(1) 王孝武、方敏、葛锁良. 自动控制理论. 北京：机械工业出版社，2009；

(2) 王孝武. 现代控制理论基础. 3 版. 北京：机械工业出版社，2013；

(3) 胡寿松. 自动控制原理. 5 版. 北京：科学出版社，2007。

表 8-14 列出了近几年合肥工业大学控制科学与工程学科(专业)硕士招生复试分数线。

表 8-14　近几年合肥工业大学控制工程学科(专业)硕士招生复试分数线

学科代码、名称	2021 年	2020 年	2019 年
081100 控制科学与工程	298	317	330
085400 电子信息 领域方向：控制工程	342	327	349

4. 西安电子科技大学

西安电子科技大学是以信息与电子学科为主，工、理、管、文多学科协调发展的全国重点大学，直属教育部，是国家"优势学科创新平台"项目和"211 工程"项目重点建设高校之一、国家双创示范基地之一、首批 35 所示范性软件学院、首批 9 所示范性微电子学院、首批 9 所获批设立集成电路人才培养基地和首批一流网络安全学院建设示范项目的高校之一。是国内最早建立信息论、信息系统工程、雷达、微波天线、电子机械、电子对抗等专业的高校之一，开辟了我国 IT 学科的先河，形成了鲜明的电子与信息学科特色与优势。"十三五"期间，学校获批 8 个国防特色学科。学校现有 2 个国家"双一流"重点建设学科群(包含信息与通信工程、电子科学与技术、计算机科学与技术、网络空间安全、控制科学与工程 5 个一级学科)，2 个国家一级重点学科(覆盖 6 个二级学科)，1 个国家二级重点学科，34 个省部级重点学科，14 个博士学位授权一级学科，26 个硕士学位授权一级学科，10 个博士后科研流动站，65 个本科专业。2017 年学校信息与通信工程、计算机科学与技术入选国家"双一流"建设学科，2022 年入选第二轮"双一流"建设高校。

1) 机械工程一级学科

西安电子科技大学机械工程一级学科在全国第四轮学科评估中位列 B+，西安电子科技大学在机械工程一级学科下设置有机器人技术学科方向，此外在机械制造及其自动化、机械电子工程等二级学科下也招收机器人控制技术、机器人技术及应用等研究方向的硕士的研究生。具体招生专业及考试科目见表 8-15。

表 8 – 15　西安电子科技大学机械工程学科硕士招生专业

类别	学科代码、名称	考试科目
学术型	080200 机械工程 学科方向：机械制造及其自动化、机械电子工程、机器人技术	① 101 思想政治理论 ② 201 英语(一) ③ 301 数学(一) ④ 841 机械原理
专业型	085500 机械 学科方向：机电精密控制与机器人技术	① 101 思想政治理论 ② 204 英语(二) ③ 302 数学(二) ④ 815 机械原理

其中考试科目"机械原理"重点考核考生要系统深入地掌握机械原理课程的基本概念、基本理论、常用机构的分析与综合方法，以及与之相关的分析问题、解决问题的能力。考核内容包括：

机构的结构分析，包括理解零件、构件异同，运动副的定义及其分类，运动链、机构、机械、机器的概念；能够正确绘制简单机构的运动简图；熟练掌握平面机构的自由度计算及机构具有确定运动的条件，能识别机构中的复合铰链、局部自由度和虚约束，明确虚约束对机构工作性能和结构设计的影响；掌握平面机构的组成原理和结构分析方法。

平面机构的运动分析，包括明确机构运动分析的内容、目的和方法，理解速度瞬心（相对瞬心和绝对瞬心）的概念，熟练掌握用瞬心法对机构进行速度分析；综合运用矢量方程图解法作机构的速度及加速度分析；能用解析法对简单平面低副机构进行运动分析。

平面机构的力分析，包括掌握运动副中摩擦力的确定方法；考虑摩擦时机构的受力分析。

机械的效率和自锁，包括理解机械效率的定义；掌握机械自锁条件的判断。

机械的运转及其速度波动的调节，包括理解机械运动方程式的建立过程；掌握等效动力学模型的等效条件，对单自由度系统能够建立其等效动力学模型；理解稳定运转态下机械的周期性速度波动及其调节方法，掌握飞轮转动惯量的计算方法。

平面连杆机构及其设计，包括了解平面四杆机构的类型及运动特点，熟练掌握铰链四杆机构的分类及其特点；熟练掌握平面四杆机构的主要工作特性(曲柄存在的条件、急回特性与极位夹角、压力角与传动角、死点位置)和机构常见的演化方式，熟练掌握平面四杆机构的常用设计方法。

凸轮机构及其设计，包括了解凸轮机构的组成、特点、类型和应用；掌握从动件几种常用运动规律的特点及冲击现象；掌握凸轮轮廓设计的反转法原理并用于凸轮轮廓的设计；掌握凸轮机构偏距圆、基圆、推程、回程、推程运动角、回程运动角、理论轮廓与实际轮廓、从动件位移、机构压力角等概念，并能在图中标出；掌握基圆半径与压力角的定性影响关系；掌握凸轮机构基本参数的确定原则与方法，引起从动件运动失真的原因以及避免运动失真的措施。

齿轮机构及其设计，包括理解齿廓啮合基本定律，掌握渐开线齿廓的形成及其性质(定传动比传动、中心距可分性)；掌握渐开线直齿圆柱齿轮的基本参数和几何尺寸计算；理解啮合线、啮合角、节圆、标准齿轮、标准安装与标准中心距等概念；掌握渐开线齿廓的加工原理、根切与变位、标准齿轮与变位齿轮的切制特点以及变位齿轮的尺寸变化；深入理解渐开线直齿圆柱齿轮传动的正确啮合条件、无侧隙啮合条件、连续传动条件；掌握变位齿轮传动的类型与特点，会根据工作要求设计变位齿轮传动；理解斜齿圆柱齿轮齿廓曲面的形成、基本参数、当量齿轮的概念及传动优缺点；了解蜗杆传动的类型和特点，理解普通圆柱蜗杆传动的基本参数及几何尺寸关系，正确啮合条件；掌握蜗杆、蜗轮转向与轮齿旋向之间的关系；了解直齿圆锥齿轮齿廓曲面的形成，理解圆锥齿轮当量齿数的概念、基本参数所在位置、正确啮合条件。

齿轮系及其设计，包括了解齿轮系的用途，理解轮系的分类，如定轴轮系、周转轮系（差动轮系、行星轮系）及复合轮系；掌握定轴轮系、周转轮系及复合轮系传动比的计算；了解轮系的功用；理解行星轮系齿数的确定条件。

其他常用机构，包括了解棘轮机构、槽轮机构的组成、工作原理及运动特点，掌握棘轮机构的设计要点及槽轮机构的运动系数的定义。

参考书目：

孙桓. 机械原理. 8 版. 北京：高等教育出版社，2013.

表 8-16 列出了近几年西安电子科技大学机械工程学科（专业）硕士招生复试分数线。

表 8-16 近几年西安电子科技大学机械工程学科（专业）硕士招生复试分数线

学科代码、名称	2021 年	2020 年	2019 年
080200 机械工程	300	315	320
085500 机械	290	295	320

2）控制科学与工程一级学科

西安电子科技大学控制工程一级学科在全国第四轮学科评估中位列 B+，西安电子科技大学在控制工程一级学科下招收机器人技术、柔性机器人等培养方向的研究生。具体招生专业及考试科目见表 8-17。

表 8-17 西安电子科技大学控制科学与工程学科硕士招生专业

类别	学科代码、名称	考试科目
学术型	081100 控制科学与工程 研究方向： 09 机器人技术；38 柔性机器人	① 101 思想政治理论 ② 201 英语（一） ③ 301 数学（一） ④ 843 自动控制原理
专业型	085400 电子信息 领域方向：01 控制工程；02 仪器仪表工程	① 101 思想政治理论 ② 201 英语（一） ③ 301 数学（一） ④ 843 自动控制原理

其中考试科目"自动控制原理"重点考核考生要深刻领会控制系统的基本原理，掌握单输入单输出、线性定常连续控制系统的常用分析与综合方法；能够建立线性定常控制系统的数学模型，对简单的线性定常系统能够分别采用时域分析法、频率响应法和根轨迹法进

行分析与综合；能够进行采样控制系统的建模和性能分析；掌握非线性控制系统的基本分析方法。考核内容包括：

自动控制的基本概念，包括开环、闭环（反馈）控制系统的原理及特点；自动控制系统的分类，自动控制系统的构成，对自动控制系统的基本要求。

控制系统的数学描述，包括控制系统的数学模型及建立方法；非线性数学模型的微偏线性化；传递函数、典型环节、控制系统的动态结构图；反馈控制系统的传递函数；控制系统的频率响应特性及表示法，如频率特性函数、伯德（Bode）图和奈奎斯特（Nyquist）图。

控制系统的稳定性分析，包括稳定性的定义；劳斯（Routh）判据，Nyquist 判据，Bode判据；非最小相位系统的稳定性分析。

线性定常连续控制系统的运动分析，包括：① 时域分析法：控制系统的稳态误差，典型信号作用下的稳态误差分析，扰动信号作用下的稳态误差分析及抑制；控制系统的动态性能指标；一阶、二阶系统的动态响应分析，主导极点和高阶系统的动态响应分析；闭环传递函数零极点分布对动态响应的影响。② 根轨迹法：常规根轨迹及广义根轨迹（零度根轨迹、参量根轨迹），基于根轨迹图的系统性能分析与估算，根轨迹法校正。③ 频率响应法：稳定裕度的计算，从开环频率特性计算闭环系统的动态性能；二阶系统时域与频域性能的对应关系；开环对数频率特性低、中、高频段特征与闭环系统性能的关系。

线性定常连续控制系统的校正，包括期望开环对数频率特性的设计（"三频段"原则）；串联校正（超前校正、滞后校正、滞后—超前校正、PID 校正），反馈校正，复合控制与前馈校正。

采样控制系统，包括采样控制系统的基本概念与脉冲传递函数；采样控制系统的稳定性分析；采样控制系统的稳态误差分析；采样控制系统的暂态性能分析。

非线性控制系统，包括非线性系统的基本概念、数学描述、分类、特点和常用研究方法，非线性系统的描述函数法，自激振荡的概念及判别，非线性系统的相平面法。

参考书目：

千博. 自动控制原理. 3 版. 西安：西安电子科技大学出版社。

表 8 - 18 列出了近几年西安电子科技大学控制科学与工程学科（专业）硕士招生复试分数线。

表 8 - 18　近几年西安电子科技大学控制工程学科（专业）硕士招生复试分数线

学科代码、名称	2021 年	2020 年	2019 年
081100 控制科学与工程	320	305	320
085400 电子信息 领域方向：01 控制工程	305	295	320
085400 电子信息 领域方向：02 仪器仪表工程	280	295	320

8.2　就　　业

近年来，我国高等教育不断进行改革，高等教育加快了从"精英化"向"大众化"转变的步伐,高校毕业生的数量连创新高,大学生就业问题日益凸现。总体来说,大学毕业生具有较高的人力资本水平,是劳动力市场上的优势群体。

8.2.1　就业方向与领域

1. 应用与就业领域

机器人专业的毕业生未来可以在大型企业、高校、科研院所等单位从事技术攻关、产品开发、技术服务、教学科研、营销管理等一系列工作。中国电子学会《学会视点》2018 年第 10 期热点问题指出了机器人十大新兴应用领域,这些领域也是机器人专业的毕业生未来主要就业领域,包括仓储及物流、消费品加工制造、外科手术及医疗康复等,具体如下。

1) 仓储及物流

仓储及物流行业历来具有劳动密集的典型特征,自动化、智能化升级需求尤为迫切。近年来,机器人相关产品及服务在电商仓库、冷链运输、供应链配送、港口物流等多种仓储和物流场景得到快速推广和频繁应用。仓储类机器人已能够采用人工智能算法及大数据分析技术进行路径规划和任务协同,并搭载超声测距、激光传感、视觉识别等传感器完成定位及避障,最终实现数百台机器人的快速并行推进上架、拣选、补货、退货、盘点等多种任务。在物流运输方面,城市快递无人车依托路况自主识别、任务智能规划的技术构建起高效率的城市短程物流网络;山区配送无人机具有不受路况限制的特色优势,以极低的运输成本打通了城市与偏远山区物流航线。仓储和物流机器人凭借远超人类的工作效率,以及不间断劳动的独特优势,未来有望建成覆盖城市及周边地区高效率、低成本、广覆盖的无人仓储物流体系,极大提高人类生活的便利程度。

2) 消费品加工制造

全球制造业智能化升级改造仍在持续推进,从汽车、工程机械等大型装备领域向食品、饮料、服装、医药等消费品领域加速延伸。同时,工业机器人开始呈现小型化、轻型化的发展趋势,使用成本显著下降,对部署环境的要求明显降低,更加有利于扩展应用场景和开展人机协作。目前,多个消费品行业已经开始围绕小型化、轻型化的工业机器人推进生产线改造,逐步实现加工制造全流程生命周期的自动化、智能化作业,部分领域的人机协作也取得了一定进展。随着机器人控制系统自主性、适应性、协调性的不断加强,以及大规模、小批量、柔性化定制生产需求的日渐旺盛,消费品行业将成为工业机器人的重要应用领域,推动机器人市场进入新的增长阶段。

3) 外科手术及医疗康复

外科手术和医疗康复领域具有知识储备要求高、人才培养周期长等特点,专业人员的数量供给和配备在一定时期内相对有限,与人民群众在生命健康领域日益扩大的需求不能完全匹配,因此高水平、专业化的外科手术和医疗康复类机器人有着非常迫切而广阔的市场需求空间。在外科手术领域,凭借先进的控制技术,机器人在力度控制和操控精度方面明显优于人类,能够更好解决医生因疲劳而降低手术精度的问题。通过专业人员的操作,外科手术机器人已能够在骨科、胸外科、心内科、神经内科、腹腔外科、泌尿外科等专业化手术领域获得一定程度的临床应用。在医疗康复领域,日渐兴起的外骨骼机器人通过融合精密的传感及控制技术,为用户提供可穿戴的外部机械设备,能够满足永久损伤患者恢复日常生活的需求,同时协助可逆康复患者完成训练,实现更快速的恢复治疗。随着运动控制、神经网络、模式识别等技术的深入发展，外科手术及医疗康复领域的机器人产品将得到更为广泛普遍的应用，真正成为人类在医疗领域的助手与伙伴，为患者提供更为科学、稳定、可靠的高质量服务。

4）楼宇及室内配送

在现代工作生活中，居住及办公场所具有逐渐向高层楼宇集聚的趋势，等候电梯、室内步行等耗费的时间成本成了临时餐饮诉求和取送快递的关键痛点。不断显著增长的即时性小件物品配送需求，为催生相应专业服务机器人提供了充足的前提条件。依托地图构建、路径规划、机器视觉、模式识别等先进技术，能够提供跨楼层到户配送服务的机器人开始在各类大型商场、餐馆、宾馆、医院等场所陆续出现。目前，部分场所已开始应用能够与电梯、门禁进行通信互联的移动机器人，为场所内用户提供真正点到点的配送服务，完全替代了人工。随着市场成熟度的持续提升，用户认可度的不断提高，以及相关设施配套平台的逐步完善，楼宇及室内配送机器人将会得到更多的应用普及，并结合会议、休闲、娱乐等多元化场景孕育出更具想象力的商业生态。

5）智能陪伴与情感交互

现代工作和生活节奏持续加快，往往难以有充足的时间与合适的场地来契合人类相互之间的陪伴与交流诉求。随着智能交互技术的显著进步，智能陪伴与情感交互类机器人正在逐步获得市场认可。以语音辨识、自然语义理解、视觉识别、情绪识别、场景认知、生理信号检测等功能为基础，机器人可以充分分析人类的面部表情和语调方式，并通过手势、表情、触摸等多种交互方式做出反馈，极大提升用户体验效果，满足用户的陪伴与交流诉求。随着深度学习技术的进步和认知推理能力的提升，智能陪伴与情感交互机器人系统内嵌的算法模块将会根据不同用户的性格、习惯及表达情绪，形成独立而有差异化的反馈效果，即所谓"千人千面"的高级智能体验。

6）复杂环境与特殊对象的专业清洁

现代社会存在着较多繁重危险的专业清洁任务，耗费大量人力及时间成本却难以达到预期效果。依托三维场景建模、定位导航、视觉识别等技术的持续进步，采用机器人逐步替代人类开展各类复杂环境与特殊对象的专业清洁工作已成为必然趋势。在城市建筑方面，机器人能够攀附在摩天大楼、高架桥之上完成墙体表面的清洁任务，有效避免了清洁工高楼作业的安全隐患。在高端装备领域，机器人能够用于高铁、船舶、大型客机的表面保养除锈，降低了人工维护成本与难度。在地下管道、水下线缆、核电站等特殊场景中，机器人能够进入人类不适于长时间停留的环境完成清洁任务。随着解决方案平台化、定制化水平日益提高，专业清洁机器人的应用场景将进一步扩展到更多与人类生产生活更为密切相关的领域。

7）城市应急安防

城市应急处理和安全防护的复杂程度大、危险系数高，相关人员的培训耗费和人力成本日益提升，应对不慎还可能出现人员伤亡，造成重大损失。各类适用于多样化任务和复杂性环境的特种机器人正在加快研发，逐渐成为应急安防部门的重要选择。可用于城市应急安防的机器人细分种类繁多，且具有相当高的专业性，一般由移动机器人搭载专用的热力成像、物质检测、防爆应急等模块组合而成，包括安检防爆机器人、毒品监测机器人、抢险救灾机器人、车底检查机器人、警用防暴机器人等。可以预见,机器人在城市应急安防领域日渐广泛的应用,能显著提升人类对各类灾害及突发事件的应急处理能力,有效增强紧急情况下的容错性。如何逐步推动机器人对危险的预判和识别能力逐步向人类看齐,将是城市应急安防领域在下一阶段亟待攻克的课题。

8) 影视作品拍摄与制作

当前全球影视娱乐相关产业规模日益扩大,新颖复杂的拍摄手法以及对场景镜头的极致追求促使各类机器人更多参与到拍摄过程中,并为后期制作提供专业的服务。目前广泛应用在影视娱乐领域中的机器人主要利用微机电系统、惯性导航算法、视觉识别算法等技术,实现系统姿态平衡控制,保证拍摄镜头清晰稳定,以航拍无人机、高稳定性机械臂云台为主要代表。随着性能的持续提升和功能的不断完善,机器人有望逐渐担当起影视拍摄现场的摄像、灯光、录音、场记等职务。配合智能化的后期制作软件,普通影视爱好者也可以在人数、场地受限的情况下拍摄制作自己的影视作品。

9) 能源和矿产采集

能源及矿产的采集场景正在从地层浅表延伸至深井、深海等危险复杂的环境,开采成本持续上升,开采风险显著增加,亟需采用具备自主分析和采集能力的机器人替代人力。依托计算机视觉、环境感知、深度学习等技术,机器人可实时捕获机身周围的图像信息,建立场景的对应数字模型,根据设定采集指标自行规划任务流程,自主执行钻孔检测以及采集能源矿产的各种工序,有效避免在资源运送过程中的操作失误及人员伤亡事故,提升能源矿产采集的安全性和可控性。随着机器人环境适应能力和自主学习能力的不断提升,曾经因自然灾害、环境变化等缘故不再适宜人类活动的废弃油井及矿场有望得到重新启用,对于扩展人类资源利用范围和提升资源利用效率有着重要意义。

10) 国防与军事

现代战争环境日益复杂多变,海量的信息攻防和快速的指令响应成为当今军事领域的重要考量,对具备网络与智能特征的各类军用机器人的需求日渐紧迫,世界各主要发达国家已纷纷投入资金和精力积极研发能够适应现代国防与军事需要的军用机器人。目前,以军用无人机、多足机器人、无人水面艇、无人潜水艇、外骨骼装备为代表的多种军用机器人正在快速涌现,凭借先进传感、新材料、生物仿生、场景识别、全球定位导航系统、数据通信等多种技术,已能够实现"感知—决策—行为—反馈"流程,在战场上自主完成预定任务。综合加快战场反应速度、降低人员伤亡风险、提高应对能力等各方面因素考虑,未来军事机器人将在海、陆、空等多个领域得到应用,助力构建全方位、智能化的军事国防体系。

2. 中国科技机器人企业

2021 年,中国科学院《互联网周刊》发布了"2021 中国科技机器人企业 50 强"榜单。榜单聚焦中国科技机器人领域,根据各大企业研发的机器人产品进行综合评价,最终确定 50 强名单,见表 8 - 19。随着市场进一步扩增,政策、研发投入力度持续加大,我国机器人发展迅速走强。据工信部公布的 2020 年我国机器人行业运行情况显示,2020 年,全国工业机器人完成产量 237 068 台,同比增长 19.1%。营收方面,2020 年,全国规模以上服务消费机器人制造企业营业收入 103.1 亿元。随着机器人产业发展环境的不断利好,涌现了一批表现突出的新兴智能科技企业。

表 8 - 19　2021 中国科技机器人企业 50 强名单

序号	企业简称	备注	序号	企业简称	备注
1	美的集团	工业机器人、物流自动化系统	16	遨博	协作机器人整体解决方案提供商
2	埃斯顿	工业机器人及智能制造系统	17	昆船智能	AGV 产品(系统)及其他智能技术装备
3	大疆创新	无人机与飞行器控制系统	18	广州数控	工业机器人与自动化控制系统
4	汇川技术	工业机器人核心部件与整机	19	京东科技	机房巡检、室内运送、商用服务 AI 机器人
5	航天科技	航天工业机器人研发、设计与生产	20	华数机器人	工业机器人研发、生产与销售
6	科沃斯	全球家用机器人品牌	21	海康机器人	移动机器人、机器视觉产品提供商
7	微创医疗机器人	机器人智能手术全解方案	22	哈工智能	高端智能装备制造和人工智能机器人
8	新松	工业机器人、协作机器人、医疗服务机器人等	23	图灵智造	工业机器人生产、制造一体化
9	石头科技	家用智能清洁机器人	24	钱江机器人	工业机器人本体以及核心零部件技术
10	博实股份	工业机器人及智能成套装备	25	Remebot	神经外科手术机器人
11	天智航	骨科手术机器人的研发、生产和临床应用	26	李群自动化	轻量型高端工业机器人
12	新时达	工业机器人核心产品及系统集成供应商	27	配天机器人	工业机器人及行业自动化生产线解决方案
13	九号公司	创新短交通和机器人	28	格力智能装备	工业机器人集成应用
14	埃夫特	工业机器人以及跨行业智能制造解决方案	29	华中数控	工业机器人及智能制造
15	卡诺普	工业机器人核心零部件、整机及协作机器人	30	旷视科技	智能仓储、智慧物流

序号	企业简称	备注	序号	企业简称	备注
31	科大讯飞	教育、医疗智能机器人	41	云鲸智能	家庭服务机器人
32	极智嘉	智能物流仓储机器人	42	汇博机器人	工业与教育服务机器人
33	梅卡曼德机器人	AI＋3D＋智能工业机器人解决方案提供商	43	机科股份	智能高端制造装备及系统集成
34	节卡机器人	新一代协作型机器人本体	44	高仙机器人	商用清洁机器人
35	珞石机器人	轻型工业机器人、柔性协作机器人	45	阿童木机器人	工业机器人制造商
36	臻迪科技 PowerVision	PowerRay 小海鳐开启 AI&5G 创新应用	46	中信重工开诚智能	特种机器人及智能装备
37	快仓智能	智能搬运机器人解决方案提供商	47	猎户星空	商用服务机器人
38	普渡科技	送餐机器人、配送迎宾机器人等	48	新石器	无人车暨服务提供商
39	云迹科技	酒店智能服务机器人	49	斯坦德机器人	工业级移动机器人的研发与生产
40	傅利叶智能	外骨骼机器人开发商	50	一维弦科技	轻服务业自动化智能机器人及系统

8.2.2 如何提高就业能力

在国内外复杂的经济形势的影响下，大学生就业问题日趋严峻。据统计，2021 年全国高校毕业生人数为 909 万人，同比 2020 年增加 35 万人，图 8-6 给出了 2012—2021 年我国高等学校毕业生人数。高校毕业生就业形势复杂严峻。纵然受到诸多外部环境因素和宏观经济条件的影响，但就业难和就业质量不高的根本原因还是在于大学生自身就业能力不足。就业能力是大学生选择职业、成功就业的关键，是与职业密切相关的必备综合能力。大学生提高就业能力对其获得工作、保有工作和做好工作，顺利实现就业目标和职业理想，满足社会需要，从而实现自身价值具有重要作用。

在当前日趋严峻的就业形势下，以及在互联网时代背景下，应如何提高大学生自身就业能力，最大限度地促进就业，提高就业成功率和就业满意度？可以从以下几个方面努力。

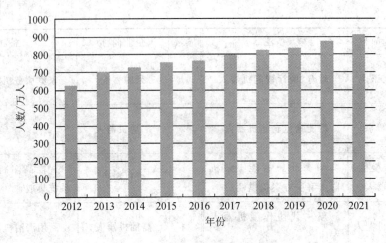

图 8 - 6　2012—2021 年我国高等学校毕业生人数

1. 尽早规划职业生涯

职业生涯规划是指在对个人职业生涯的主客观条件进行测定、分析、总结的基础上，对自己的兴趣、爱好、能力、特点进行综合分析与权衡，结合时代特点，根据自己的职业倾向，确定最佳的职业奋斗目标，并为实现这一目标做出行之有效的安排。根据中国职业规划师协会的定义，大学生职业生涯规划是指学生在大学期间进行系统的职业生涯规划的过程，包括大学期间的学习规划和职业规划。职业生涯规划的有无与好坏直接影响到学生大学期间的学习生活质量，更直接影响到求职就业甚至未来职业生涯的成败。从狭义职业生涯规划的角度来看，此阶段主要是职业的准备期，主要目的是为未来的就业和事业发展做好准备。职业生涯规划对于充分调动大学生的主观能动性，提升大学生的就业力方面起着重要的作用。职业生涯规划能帮助大学生认识自我，准确定位。学生个人要在充分认识自我和职业环境的基础上，进行合理的职业定位，制订切实可行的行动计划，并真正地付之于行动，才能不断提升自身综合能力，提升就业力及生涯发展的质量。职业生涯规划能帮助大学生认识社会环境和职业环境，了解职业需求，确定就业目标，提升个人职业素养。职业生涯规划有助于发挥大学生自身主观能动性，不断实践、评估和修正，科学提升综合素质，提升就业能力。

2. 储备知识，提升职业能力

大学生要认真学习专业知识，打好专业基础；要注重适应能力，提高人际交往能力和为人处世能力；要系统学习专业知识，建立扎实的基础和合理的知识结构；要增强就业心理和提高就业技巧；要提高实践能力，实践能力是大学生就业能力的外化体现。大学生要多参加义务劳动、勤工俭学、兼职实习等，增加职业体验；积极参与第二课堂活动、知识竞赛、社会实践，增强职业素养；参加专业训练、各类技能比赛，提升专业素养；参加职业规划大赛、"挑战杯""互联网＋"以及各类专业学科竞赛，开阔眼界，提高职业规划能力、就业创业能力；在有条件和时间、精力充沛的基础上，可以适当考取与专业相关的职业资格必备证书，增加就业成功筹码，成为用人单位青睐的"香饽饽"；要拓展非专业能力，非专业能力是在专业知识和能力之外的通用能力和必备人格。大学生要提高应聘技巧，学会制作个性化简历，掌握笔试面试的技巧和求职的基本礼仪，增加求职应聘机会，提高求职成功率。

3. 培养终身学习的能力，有意识提高综合素质

当今时代是一个处在百年未有之大变局的时代，是知识和大环境瞬息万变的时代。有学者称当代社会为"终身学习型社会"，知识更替日新月异，职业类型层出不穷，"今日黄金"专业可能成为"明日黄花"，仅有学科知识已经不够，学校无法先知地替学生做准备，传道授业解惑，必须拥有可转换的能力。自学能力、学习态度的培养，身处职场并终身学习的能力，则是亘古不变的准则。专业和职业之间的对应关系变得模糊，产业结构调整、行业转移、知识消亡与创新的迭代，要求个人及时更新知识结构。大学生必须积极适应外界利益相关者的要求才能跟上变化。牢固的专业知识仍然是基础，传统的"父爱"式的雇主不复存在，雇员仅靠忠诚来获得安全稳定的雇佣模式也不存在。要加强自我管理，积极参加培训和教育，进而获得可携带的能力。

4. 解读职业，认清自我

就业择业首先要认识自我，了解自己的性格、气质以及能力、兴趣、特长，给自己恰当的认知和定位，搞清自己适合干什么，能干什么，从而确定大致的选择方向和范围。其次，必须明确职业价值观，即确定自己在职业中最看重什么。通过工作，是为了赚钱，还是希望有个良好发展空间，或是为将来的长远发展积累经验和技能？在搞清楚阶段性目的和价值取向之后，才会有一个相对明确的求职方向和目标。只有弄清了自己的择业标准，才能避免择业时的盲目。对自己想从事的职业要进行深入综合的分析，了解该职业所需的专业训练、能力、年龄、性格特点等要求，以及职业的性质、工作环境、福利待遇以及发展空间和就业竞争机会，这样就不会在费尽心思找到工作后，因为与自己的期望相差甚远而放弃工作机会。

刚毕业的大学生走上工作岗位后，要培养爱岗敬业、谦虚谨慎、踏实进取、勇于竞争、善于担当的优秀职业精神。要做一个有归属感的员工，对企业要忠诚，要认同企业文化，成为企业和领导值得信赖的人。

参 考 文 献

[1]　戴勇，邓乾发. 机械工程导论[M]. 北京：科学出版社，2014.

[2]　周广宽，葛国库，薛颖轶. 电子科学与技术专业导论[M]. 西安：西安电子科技大学出版社，2018.

[3]　钱伟长. 机械工程师要懂力学、会用计算机[J]. 机械制造，1985(01)：2-3.

[4]　李军，邓晓刚. 空气动力学与汽车造型[J]. 渝州大学学报(自然科学版)，2002(03)：46-48.

[5]　北京科技大学，东北大学. 工程力学(静力学)[M]. 4版. 北京：高等教育出版社，2008.

[6]　北京科技大学，东北大学. 工程力学(运动学和动力学)[M]. 4版. 北京：高等教育出版社，2008.

[7]　北京科技大学，东北大学. 工程力学(材料力学)[M]. 4版. 北京：高等教育出版社，2008.

[8]　JAZAR R N. Theory of applied robotics：kinematics, dynamics and control[M]. Berlin：Springer，2010.

[9]　尼克. 人工智能简史[M]. 北京：人民邮电出版社，2017.

[10]　马尔科夫. 与机器人共舞[M]. 郭雪，译. 杭州：浙江人民出版社，2015.

[11]　GOODFELLOW I, BENGIO Y, COURVILLE A. Deep learning[J]. Genetic Programming and Evolvable Machines，2017：1-3.

[12]　张铮，徐超，任淑霞，等. 数字图像处理与机器视觉：Visual C++与 Matlab 实现[M]. 2版. 北京：人民邮电出版社：2014.

[13]　谢广明，孔祥战，何宸光. 机器人概论[M]. 哈尔滨：哈尔滨工程大学出版社，2013.

[14]　谢存禧，张铁. 机器人技术及其应用[M]. 北京：机械工业出版社，2005.

[15]　熊有伦. 机器人技术基础[M]. 北京：机械工业出版社，1996.

[16]　蔡自兴. 机器人学基础[M]. 北京：机械工业出版社，2009.

[17]　李云江. 机器人概论[M]. 北京：机械工业出版社，2011.

[18]　郭洪红. 工业机器人技术[M]. 2版. 西安：西安电子科技大学出版社，2012.

[19]　郭巧. 现代机器人学[M]. 北京：北京理工大学出版社，1999.

[20]　郭彤颖，安冬. 机器人学及其智能控制[M]. 北京：人民邮电出版社，2014.

[21]　周献中. 自动化导论[M]. 北京：科学出版社，2009.

[22]　万百五，韩崇昭，蔡远利. 自动化(专业)概论[M]. 武汉：武汉理工大学出版社，2010.

[23]　权晨，于孝洋. 浅谈机器人制作材料的选择[J]. 机械，2009，36(6)：3.

[24]　赵杰. 国产工业机器人研究热点[J]. 测控技术，2018，37(10)：1-2.

[25]　兰虎. 工业机器人技术及应用[M]. 北京：机械工业出版社，2014.

[26] 王田苗，陶永，陈阳. 服务机器人技术研究现状与发展趋势[J]. 中国科学：信息科学，2012，42(9)：18.

[27] 谷明信，赵华君，董天平. 服务机器人技术及应用[M]. 成都：西南交通大学出版社. 2019.

[28] 鲁植雄. 车辆工程专业导论[M]. 3 版. 北京：机械工业出版社，2021.

[29] 陈建萍. 基于职业生涯规划的大学生就业能力提升对策[J]. 闽西职业技术学院学报，2021，21(1)：72-76.

[30] 陈偲苑. 大学生就业能力提升策略[J]. 合作经济与科技，2022，(1)：109-111.

[31] 赵杰. 国产工业机器人研究热点[J]. 测控技术，2018，37(10)：1-2.

[32] 兰虎. 工业机器人技术及应用[M]. 北京：机械工业出版社，2014.

[33] 肖潇. 工业机器人的研究现状与发展趋势探讨[J]. 无线电科技，2021，18(23)：49-50.